图书在版编目(CIP)数据

未来我们还剩下什么：能源短缺 / 燕子主编. -- 哈尔滨：哈尔滨工业大学出版社，2017.6
（科学不再可怕）
ISBN 978-7-5603-6296-0

Ⅰ.①未… Ⅱ.①燕… Ⅲ.①能源短缺–儿童读物 Ⅳ.①TK018-49

中国版本图书馆CIP数据核字（2016）第270704号

科学不再可怕

未来我们还剩下什么——能源短缺

策划编辑	甄淼淼
责任编辑	何波玲
文字编辑	代小米　刘大鹏
装帧设计	麦田图文
美术设计	Suvi zhao　蓝图
出版发行	哈尔滨工业大学出版社
社　　址	哈尔滨市南岗区复华四道街10号　邮编150006
传　　真	0451-86414049
网　　址	http://hitpress.hit.edu.cn
印　　刷	哈尔滨市石桥印务有限公司
开　　本	710mm×1000mm　1/16　印张 10　字数 103千字
版　　次	2017年6月第1版　2017年6月第1次印刷
书　　号	ISBN 978-7-5603-6296-0
定　　价	28.80元

（如因印装质量问题影响阅读，我社负责调换）

引言

在特大暴风雪袭城的第二天,卡克鲁亚博士站在市政大楼的最高层向窗外望去,城市仿佛被大雪吞噬,到处都是白茫茫一片。由于能源供应短缺,整座城市已经停电29个小时了,再这样下去,恐怕人们就无法正常生活了,博士此刻忧心忡忡。

能源,在这个停电的暴风雪的早上,尤其让人们感受到它的重要性,它就像空气一样,与我们的生命息息相关,与我们的生活如影随形。如果我们失去电,我们只能生活在黑暗中,所有的电器都要"罢工";如果我们失去煤炭,我们就失去了温暖的来源,再也不能抵御冬日的严寒;如果我们失去石油,汽车就无法前行,只能束之高阁。

卡克鲁亚博士非常明白能源的重要性和失去能源以后的严重后果,所以他决定建立一个能源档案馆,免费为大家讲解有关能源的知识。现在就让我们跟着博士一起迈出认识能源、保护能源、开发能源的第一步吧!

形态各异的能源家族

博士的能源档案馆 1
能源用来做什么 5
人类能源的发展历程 9
能源危机初露端倪 12

"黑小伙"扛起了大工业——煤炭的利用

一个能量巨大的"黑小伙" 17
出路在哪里 24
展望未来,危机与希望并存 27

目录

流动的能源——石油和天然气

"黑小妹"现身记——石油的发现 34
从内陆到深海,石油足迹遍大地 38
物尽其用,石油也是多面手 41
石油的好伙伴——又轻又干净的天然气 42
石油和天然气的危机时代悄然到来 46

小元素的大能量——核能

我很小,但我很强大 50
核电站等于原子弹吗 54
核能是把双刃剑 58

水能载舟——水能发电

水能发电,潜力无限 64

世界第一的水电站在哪里 67

博士公开课——水电开发与生态保护 71

万物生长靠太阳——太阳能

万物之能——太阳能 76

太阳能的应用 80

我的未来不是梦 83

插上翅膀去翱翔——风能

风能也是自然之能 86

为我所用——风能的利用 90

感知地球的体温——地热能

地下热宝——地热能 96

人类对于地热能的开发利用 102

唾手可得的能源——生物质能

揭开生物质能的神秘面纱 108

汽车能"喝酒"吗 114

蕴藏在海洋中的能量——海洋能

了解海洋能——海洋能力量大 120

分布在哪里 125

海洋能的作用很大 126

能源短缺大危机

会被用完的能源 130

能源短缺带来的影响 134

目录

节能,我们一起努力

能源使用的多元化未来 139

危机过后的警醒 141

什么是节能 142

节能靠大家 143

地球只有一个,
请爱护我们的绿色家园。

形态各异的能源家族

如果你以为我就是一个在实验室里埋头做实验的呆头呆脑的科学家,那你就大错特错了!我不仅知识渊博,而且擅长理论联系实际,是个点子大王。瞧,这就是我给大家建立的能源档案馆,里面的材料包罗万象,这样你们认识和了解能源就更方便啦!

博士的能源档案馆

能源家族面面观

能源是什么?

教科书上告诉我们:能源是向自然界提供能量转换的物质。什么?你听不懂?

那我就用更通俗的语言来解释一遍:能源就是自然界中能为人类提供某种形式能量的物质资源。

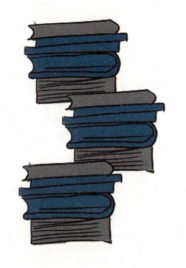

还是不懂吗?那我们来举个例子,你就明白了。

黑而硬的煤炭、黏稠的石油、家里用来做饭的天然气、听起来就让人浑身发抖的核能、名字念起来莫名其妙的生物质能,当然还有电能、水能、太阳能、风能、地热能、海洋能等,这些都属于能源范畴。

你一定看见了,在能源档案馆里展示了一个黑色的块状东西,它就是煤炭;还有一种黑色的液体被盛在铁桶里,那是石油;在发酵系统中循环的是沼气。

如果你有吸烟的习惯,请立刻离开,因为一点点火星就足以引爆沼气系统,那可不是闹着玩的!

能源档案馆里还展出了一个水车,它是中国古代一种重要的灌溉工具,大大节省了人力,为中国的农业文明和水利史研究提供了见证。

在这样的环境中,理解能源的概念就变得很简单!

展出的煤炭、石油是多么直观!你看到的沼气,就是生物质能的一种。再说那个水车吧,古代人都知道利用水力进行农业灌溉,现在你是不是明白了?

我是一个追求完美的人,现在我就向大家介绍一下能源的分类。瞧,那位于地下几百米甚至几千米,有着黑黝黝面孔的是煤炭和石油;那些存在于自然环境中,需要一定技术条件和设备才能开发出来的是水能、风能和地热能;还有需要科学家在实验室里进一步发掘才能利用的神秘莫测的核能。

虽然这些能源形态各异,但是它们都有一个共同的作用,那就是为人类提供能量,所以科学家给它们起了这样一个名字——能源,顾名思义,就是能量的来源。

能量两个字是什么意思?

在希腊语中,能量是活动的意思。它是一种动力,能够让物体移动。我们知道宇宙万物都在移动,那么可以说,万物都是被能量驱动着。能量以许多形式存在着,比如燃料、食物以及其他化学物质。

能源的分类

人类根据不同的标准对能源做了不同的分类:

按照能源是否可以再生分为可再生能源和不可再生能源。

▶可再生能源,即不会因为人类的使用而减少的能源,比如太阳能、水能、生物质能、风能、海洋能等。

▶不可再生能源,比如化石能源——埋藏在地下的煤、石油、天然气,它们一经开采,短时间内不会再产生。还有用来生产核能的燃料,比如铀,也是不可再生能源。

按照能量的来源分为来自地球外部天体的能量、蕴藏于地球内部的能量以及地球与其他天体相互作用产生的能量。

▶来自地球外部天体的能量,主要是来自太阳的能量,包括太阳能、生物质能、水能、风能、海洋能等。

▶蕴藏于地球内部的能量,比如原子核能、地热能等。

▶地球与其他天体相互作用产生的能量,比如潮汐能。

按照能源的基本形态分为一次能源和二次能源。

▶一次能源,就是直接取自自然界,以原始状态存在的能源,比如煤、石油、天然气、核能、生物质能、水能、太阳能、风能、地热能、海洋能等。

▶二次能源,指由一次能源直接或者间接转换生产的能源,比如电力、煤油、汽油、柴油、焦炭、煤气、沼气等。

按照使用状况分为常规能源和新能源。

▶常规能源包括煤、石油、天然气等。

▶新能源包括太阳能、风能、生物质能、地热能、海洋能、氢能等。

通过这些能源的分类,我们就可以大体了解到能源的种类和归属。

大家现在是不是对这些神秘的能源充满了好奇?我对自己创建的能源档案馆感到很欣慰,因为大家能够学到很多知识,但是我可不是一个容易满足的人,我想进一步讲解一些关于能源用途的知识。相对于了解概念,知道如何使用能源对于人类更加具有现实意义。

能源用来做什么

能源的第一种用途

在前面我为大家介绍了能源的概念和分类,那么你知道能源

在日常生活中都有哪些用途吗?

如果你是个细心观察的人,一定能够发现诸如电灯、电话、冰柜、电脑等都是必须有电才能使用的,那么作为二次能源的电能,难道仅仅只是满足我们的日常生活需求?

答案是否定的!

要知道能源的用途多得超过你的想象,下面让我来讲一讲你不知道的能源用途。

能源的第一种用途就是做燃料、动力使用。当锅炉里的火焰熊熊燃烧时,想必你一定见过被工人送进锅炉里的一车车煤炭;当运输新鲜蔬菜的大卡车奔驰在高速公路上,你要知道让汽车发动机转动起来的能源叫作汽油或者柴油。

能源还能用作机械设备的燃料,比如煤油能够保证大型机

未来我们还剩下什么

器的运转工作;能源能采暖制冷,比如我们用来取暖的太阳能;用能源照明大家已经太熟悉了,我们使用电能来照明以及让机器运行。

这些用途,都是我们在生活中能够切切实实感受到的。我们的社会是个不停运转的大机器,任何一个齿轮发生故障,机器都无法运行,在这个过程中,能源就是维持机器运转的原动力。

能源的第二种用途

▶做材料使用是能源的第二种用途。现代人的生活越来越离不开能源,因为现代化学工业的发展,让人们从各种化石能源中提取了很多有用的元素,这些元素奇迹般地被运用到我们的日常生活中。

▶石油是最明显的代表。也许你也和大家一样,认为石油就是飞机、汽车使用的燃油,但是我的能源档案馆里摆放的塑料盆、衣服、轮胎、化妆品、清洁剂会告诉你,石油不是那么简单的"黑小妹"。

▶我们平常使用的塑料制品,比如盆、牙刷、饮料瓶子,它们的原料就来自石油;我们穿的涤纶、腈纶等面料,都是由石油生产的合成纤维;汽车上的轮胎,我们玩的篮球,穿的鞋子所使用的橡胶,也是由石油合成的。石油的身影还出现在制药工程、化妆品、清洁剂,甚至食品的家族中。

哇,能源的用途真是超级多啊!你有没有大吃一惊呢?

卡克鲁亚笔记

在一百多年前,纺织用的材料全部来自于天然物质,而种植棉麻,养蚕、牧羊,需要占用大量土地和消耗人力物力。化学纤维出现以后,纺织工业的原料就不再完全依赖农牧业,纺织业可采用的原材料品种也越来越多。

人类能源的发展历程

薪柴时代

从人类使用火的那天起,人类使用能源的时代就开始了。那点燃薪柴的火星,不仅起到了让人类取暖、吃熟食和驱逐野兽的作用,更开辟了人类使用大自然能源的征程。

在能源发展史上,薪柴在一个漫长的历史时期一直作为人类社会的主要能源而被广泛使用。虽然现在的世界能源格局发生了重大变化,煤炭、石油、天然气甚至核能被大力开发,但是薪柴并没有作为传统能源而退出历史舞台。在发展中国家和不发达国家的农村山区,薪柴依然是重要的生产生活用能,所以人类的薪柴时代还在继续。

煤炭时代

在不少教科书里都写着是瓦特发明了蒸汽机,但是经过我的研究发现,事实并非如此。

你不要不相信!

在1705年,一个叫纽康门的人制成了原始的蒸汽机,而在此之后又过了31年,瓦特才呱呱坠地。瓦特做的让他闻名于世的事情就是大大提高了纽康门蒸汽机的工作效率,从而促成了一次具有划时代意义的工业革命,这场工业革命最根本的标志就是蒸汽机的广泛使用。

作为"大工业普遍应用的发动机",蒸汽机渐渐被应用于纺织业。

1807年,蒸汽机应用于轮船。

1825年,由蒸汽机牵引的列车开始在铁轨上行驶。

蒸汽机所使用的能源是煤炭,因此随着蒸汽机在交通运输业、炼钢业、机械制造业等领域的使用,煤炭成了能源的主力军。

到了19世纪,煤在能源消费中的比例超过了50%,而相应的薪柴使用量下降,世界能源从此进入"煤炭时代"。

石油时代

石油时代是人类使用能源的第三个阶段,那么石油的地位又是如何提升的呢?

在19世纪,石油还只是用来照明。20世纪初内燃机的发明改

变了石油的命运。内燃机是一种动力机械,它是通过使燃料在机器内部燃烧,并将其放出的热能直接转换为动力的热力发动机。

全世界各种类型的汽车、农业机械、工程机械、小型移动电站和战车等都以内燃机为动力,而石油就是内燃机的燃料来源。内燃机的发明使石油变成了战略资源。

新能源时代

到了21世纪,世界能源结构又发生了新的变化。虽然石油、煤炭依然是主力军,但是由于化石能源面临枯竭,人类也在积极地进行能源结构调整。近年来,风能、太阳能等可再生资源受到人们的重视,新能源技术的突破,正引领世界能源走向多元化时代。

能源危机初露端倪

亲爱的朋友们,现在我要进行一次问卷调查,请大家配合,多谢啦!

> **问卷调查**
> 你是否有过看电视突然停电的经历?
> 你在洗澡时是否遭遇过突然停水的尴尬?
> 你是否听说过"能源危机"?
> 有没有人告诉你要节约使用每一滴水,每一度电呢?
> ……

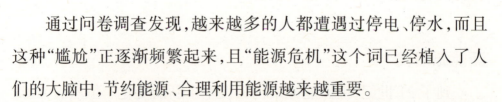

通过问卷调查发现,越来越多的人都遭遇过停电、停水,而且这种"尴尬"正逐渐频繁起来,且"能源危机"这个词已经植入了人们的大脑中,节约能源、合理利用能源越来越重要。

正是人类过量地消费资源,使地球资源严重"透支",我们的资源已经面临着"入不敷出"的状况。

科学研究表明,人类消耗 12 个月的自然资源,地球需要 15 个月才能再生。

换句话说,每年需要 1.25 个地球才能满足人类对资源的消耗。研究报告还表明,人类正面临"生态破产"的危机,如土地荒漠化,森林植被破坏、生物多样性减少、水资源不足等,这些都是能源短缺的表现。

我们不是号令自然的主人,而是善待自然的朋友,当能源短缺造成的种种后果摆在我们面前时,我们才明白这个道理。为了我们的未来不会因为资源短缺而让生命难以为继,我们要从现在开始,好好认识能源、保护能源、节约使用能源。

说了那么多,我都口干舌燥了,先喝口水润润喉咙吧。瞧,窗外,一片骚动,怎么回事?

暴风雪虽然停了,但是依旧没有电,这是全市停电的第二天。城市交通乱作一团;红绿灯熄灭了,十字路口堵满了汽车,司机疯狂地按着喇叭,行人像鱼一样穿梭在车辆中间;地铁完全停运。到

今天，人们依旧无法工作，甚至连正常的生活都无法维持了。

能源正在给人类敲响警钟。它用停电的方式告诉人类危机正在一步步地靠近，它不声不响但却时刻不停地向我们逼近。

虽然停电只是暂时的，但它是能源危机这个多米诺骨牌中的一张，接下来还会发生什么，我不敢继续想下去。能源危机就像悬挂在人类头顶上的达摩克利斯之剑，令人不安。

我很焦急，看来我还要继续丰富自己的能源档案馆，要继续进行新能源的开发，要早点让人们了解能源、珍惜能源、合理使用能源，早点把太阳能、生物质能、风能、水能这些可以无限使用的再生能源带到人们的生活中去……

替代能源，是指替代石油、天然气和煤炭等化石燃料的能源，它包括风能、太阳能、生物质能、海洋能、水能等可再生能源，也包括核能等不可再生能源。在各种替代能源中，生物燃料、风能和太阳能成为近年来的后起之秀，发展迅速。

相关趣闻

电也能破坏环境

在大多数人的心目中,电力是一种清洁的能源,当使用电灯、电视、电冰箱、空调等电器时,我们并不认为电力会对环境造成什么危害,然而事实并非如此,燃煤发电对环境的破坏是很大的。常规电力生产使用煤、石油、天然气发电,已经成为中国温室气体的主要排放源之一,中国在国际上的温室气体排放量位居第二。

趣味指数:★★★

世界上最大规模的停电

难以想象,如果没有电,世界会怎样。你知道吗?世界上最大规模的停电事故发生在2012年7月30至31日的印度,大约有6亿人因电力系统瘫痪,在高温和混乱中度过了两天。在此之前发生的最大规模的停电是在2003年8月14日,发生在美国东北部和加拿大部分地区,当时约有5 000万人受到影响。

趣味指数:★★★★

牛放屁引起的温室效应

有数据指出,生产1公斤牛肉所消耗的能源,足以让一个100瓦白炽灯泡亮上20天,相当于开车3小时的碳排放量。这听起来好像有点匪夷所思,更令人惊叹的是,有人居然连牛消化食物时的自然反应——打嗝放屁,也要抨击一番,因为其中夹带的气体甲烷被认为是比二氧化碳强23倍的温室气体。

趣味指数:★★★★★

低碳生活小结

大家都在提倡低碳生活,那么你了解低碳生活的具体内容吗?低碳生活就是指在生活中尽量采用低耗能、低排放的生活方式,从而减少对大气的污染,减缓生态恶化。低碳生活具有健康、绿色、时尚的特点,是符合现代理念的一种全新的生活质量观。其实低碳生活不仅是一种生活方式,更是一种全新的生活理念。对于地球上的每个成员来说,还是一种可持续发展的环保责任。

趣味指数:★★★★

"黑小伙"扛起了大工业
——煤炭的利用

又是一个清晨,我却不敢打开窗户,因为外面一片灰蒙蒙,空气中还弥漫着浓烟的味道。这座城市的大气污染绝大部分是由化石燃料的燃烧引起的,而这些化石燃料,就包括我们即将说到的煤炭——让人欢喜让人忧的能源。

一个能量巨大的"黑小伙"

别看它长着一张黑黝黝的面孔,我们的生产生活可是一天都离不开它。有的人叫它"工业的粮食",有的人甚至干脆给它起名叫"黑金"。

它可以通过燃烧为我们带来能量,还可以用来炼钢以及当作化工原料,它已经成为我们生活中必不可少的能源,它就是煤炭。

"黑小伙"成长记

我刚刚做了一个模拟地球历史的纪录片,现在让我把纪录片的

时间定格在上万年以前。

当时的地球上,生长着郁郁葱葱的远古植物,它们一代又一代地繁衍生息,渐渐在地面上形成了厚厚的一层黑色腐殖质。由于地壳运动,这些腐殖质被深深地埋在了地下。

地下的环境仿佛是一个密闭的屋子,没有空气,却有着超高的气温和压强。这些腐殖质经过复杂的物理变化和化学变化,最终形成了煤炭这种黑色的可燃沉积物。

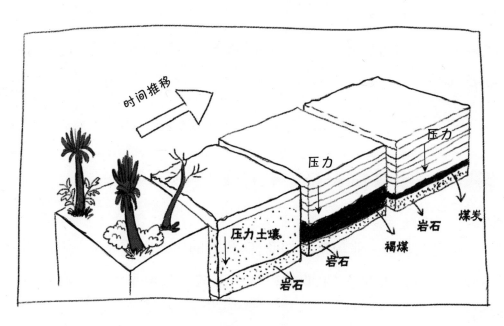

煤炭的形成过程

我已经将煤炭几万年的形成过程直观而形象地为你们展现出来,在我们感叹大自然的力量伟大的同时,也更加佩服祖先的智慧。如果他们没有发现和使用煤炭,人类就会缺少一种非常重要的能源,这个"黑小伙"也不知还要在黑暗的地下沉睡多少年。

爱玩捉迷藏的"黑小伙"

如果你以为随便找一个地方挖一挖就能找到煤炭，那你就太天真了，煤炭就像一个调皮的小孩与你捉迷藏，一会儿在这里出现，一会儿在那里露出头，真是让人又欢喜又烦恼。

煤炭的存在让人欢喜，但是煤炭隐藏的位置却让人大费脑筋。

科学家们通过仪器的勘测，发现了地球上煤炭资源的分布状况。

现在世界上有80多个国家发现煤炭资源，共有大小煤田2 370多个，储量以美国、中国、俄罗斯最为丰富。不过也有一些国家煤炭资源缺乏，不得不从别的国家进口煤炭。

就中国来讲，也存在着煤炭分布不均衡的状况。我们熟知的一些煤炭大省，比如山西、内蒙古、陕西、新疆、贵州、宁夏，这些省份拥有的煤炭储量占全国总量的81.6%，所以这些省份的煤炭开采工业非常发达，有的甚至是本省的支柱产业。但上海市，就是现在所知道的没有煤炭资源的城市。

"黑小伙"的家族成员

按照不同标准将煤炭分为下面几种:

▶根据岩石结构的不同,煤炭可以分为烛煤、丝炭、暗煤、亮煤和镜煤。由许多小孢子形成的微粒体组成的煤是烛煤;含有丝质体的是丝炭;含有粗粒体的是暗煤;含有镜质体和亮质体的是亮煤,其中含有95%以上镜质体的是镜煤。

▶按照碳化程度由低到高,煤炭可以分为泥炭、褐煤、烟煤、无烟煤。其中无烟煤的碳化程度最高,泥炭的碳化程度最低。

▶根据煤炭中含有挥发性成分的多少,煤炭可以分为贫煤、瘦煤、焦煤、肥煤、气煤和长焰煤,其中焦煤和肥煤最适合用于炼焦炭。一般情况下,焦炭都是将多种煤按一定比例混合在一起炼的。

煤炭是一种可以用作燃料或者工业原料的矿物。

在中国的春秋战国时期,煤炭就已经开始被使用,《山海经》中把煤炭叫作"石涅"或者"涅石"。

到了西汉时期,人们开始用煤炭炼铁。而在一些考古发掘中,年代最早的古煤矿,是宋代的古煤矿遗址。

明代的宋应星在《天工开物》一书中,详细记载了采煤技术。明代李时珍的《本草纲目》第一次使用"煤炭"这一名称。

古希腊和古罗马也在很早以前就开始使用煤炭,公元前300年,希腊学者还写了一本关于煤炭的著作,叫作《石史》。

"黑小伙"有大用途

古人刚发现煤炭的时候,并不用它来生火,而是用它当墨写字,据说"煤"字的读音就是从"墨"字演变而来。后来人们看到它跟木炭的形状很相似,于是就将它投入火中,结果发现这种黑色的石头

不仅能燃烧,而且燃烧得比木柴更猛烈,于是煤炭就成了人类生火的能源。但是如果你觉得煤炭只有这点作用,那你就大错特错了。

现在我要为你们列出煤炭的作用,看过之后你一定会更加敬重它的。

▶动力用煤

这是煤炭作为能源最主要的用途。你乘坐火车游遍祖国大江南北,你坐上轮船眺望大海浪潮,冬日里的锅炉为我们供暖,火力发电厂为我们送来光明,一切的动力来源都是煤炭。

▶冶金用煤

我们的城市,高楼鳞次栉比,你可知道这些高大建筑物的钢筋,都是用煤炭冶炼出来的。在各种金属冶炼工业中,煤炭是最重要的还原剂,可以说,没有煤炭就没有钢铁等冶炼业,而我们现代化的都市也只会是一个梦想。

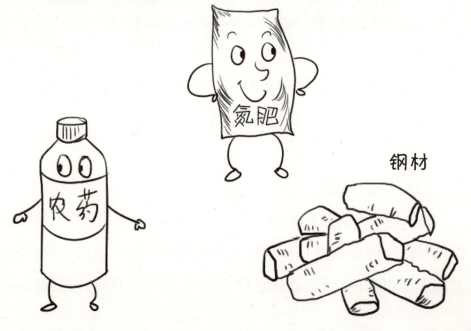

钢材

农药、烯料、燃料、合成纤维、合成橡胶、糖精、香料……

▶化工用煤

煤在化工工业中被称为"化学原料之母",当你知道氮肥、农药、燃料、塑料、合成纤维、合成橡胶、糖精、香料这些和我们生活息息相关的产品都是从煤炭里提炼产生的时候,你是不是会目瞪口呆?是的,生产这些产品的基本原料就是黑黑的煤炭。

除此之外,煤炭还被用于电子工业中制作石墨电极,燃烧后的煤渣被用于建筑业,制造耐火砖、建筑用砖和水泥。从这些作用看,如果我们仅仅把煤炭当成取暖的燃料,是不是有些大材小用了呢?

早在2000年前,中国人就开始使用煤炭了,但当时叫石涅,南北朝时改为石炭。

出路在哪里

1952年12月5日,在伦敦居住的60岁老人约翰清晨醒来,发现外面的世界被浓雾笼罩。他感觉浑身难受,喉咙疼痛,咳嗽不止还伴有头晕,还没来得及叫医生,这位老人就因为呼吸困难和连续的呕吐昏厥,几天后就与世长辞了。

这次大雾持续了8天,有4 000多人和约翰老人一样死于非命,这就是著名的"伦敦烟雾事件"。造成这次灾难的元凶,就是煤炭燃烧后产生的大量烟尘。

是的,当我们赞叹煤炭的功用时,它也在用污染提醒着人类,当我们从煤炭中获得能量,就要付出相应的代价。

"黑小伙"的组成成分

做一个假设,如果煤的成分只有一种,就是碳,那么它在充分燃烧以后只会产生一种废气,那就是二氧化碳。

二氧化碳是一种温室气体,近年来,我们常常听到全球气温变暖,其实就与二氧化碳的过量排放有关。

但是,化石燃料的成分并不只有碳一种,煤、石油、天然气都是含有碳、氢、氧、硫、氮的复杂有机物,此外,它们还含有金属元素。在所有杂质中,最让人类感到头疼的就是硫和氮。

硫和氮在燃烧过程中会产生二氧化硫和氮氧化合物,它们不仅仅污染空气,还是形成酸雨的主要原因。同时,氮氧化合物也会破坏臭氧层。

"黑小伙"燃烧,后果很严重

▶对人类的影响

煤炭在燃烧时会产生大量的粉尘,当这些粉尘进入空气中,就成为一种悬浮的颗粒物,这就是上文提到的老人约翰打开窗户看到的"浓雾"。科学家们把可以通过鼻子和嘴进入人体呼吸道的颗粒物,总称为"可吸入颗粒物",用PM10表示。在这个颗粒物家族中,有一个非常可怕的成员,它的直径小于2.5微米,能够通过人体的鼻子和嘴巴进入肺泡甚至血液系统,导致呼吸系统疾病乃至心血管疾病。国外称这种颗粒物为PM2.5,中国则称为"可入肺颗粒物"。

▶对环境的影响

①温室效应。温室效应会导致全球气温升高、冰川融化、雪线上移、海平面上升、海冰消减等。

②酸雨危害。硫、磷、氟、氯、砷是煤中的有害成分,其中硫元素

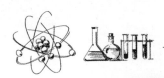

的危害最大。大部分硫会在煤炭燃烧过程中转化为二氧化硫气体,随着烟气排入大气中,再经过一系列复杂的物理变化和化学反应降落到地面,形成我们常说的酸雨。

酸雨能够腐蚀建筑物、古文物和金属结构,造成大理石表面剥

卡克鲁亚笔记

化石燃料排放出的一氧化碳、烟尘会直接危害人畜,放射性飘尘会使生物受到辐射损伤,二氧化硫和氮氧化合物产生的酸雨会让植物死亡、饮用水变质。在所有化石燃料中,煤炭对环境的污染最为严重。

落,金属生锈。同时酸雨还是陆上生物和水中生物的杀手。水质酸化以后,湖泊中的鱼虾就会死亡。

煤炭的燃烧无论是对人类自身还是对环境,都会产生负面的影响,所以我们要早日想出对策,避免这种不利影响的发生。

展望未来,危机与希望并存

我们知道了煤炭对人类生活的重要性,同时也看到了煤炭对我们的健康和环境的影响,煤炭是把双刃剑。那么我们在分析了煤炭的"功"与"过"之后,考虑煤炭未来的发展,我们应该做些什么呢?

"黑小伙"的处境岌岌可危

▶一旦失去,再难挽回

煤炭就像宝贵的时间一样,因为它属于不可再生资源,它的形成需要非常漫长的岁月,一旦失去,就再难挽回了。人类无休止地挖掘,就是在做着资源的"减法"。

▶权衡得失,失去更多

当我们享受煤炭带给我们的温暖和光明的同时,也要承担它所带来的不良后果。

①煤炭在燃烧时释放的温室气体让科学家们大伤脑筋。

②大片大片的露天煤矿让土地变得满目疮痍,由于地下被挖空,矿井塌陷事故时有发生。

③当地的居民饮用水被矿井和采煤厂排放的污水污染,居民身体健康受到严重威胁,耕地被占用,堆放了大量的煤矿石。所有这一切,都是我们从煤炭中得到的同时又失去的东西。

▶利用率低,压力重重

中国的煤炭清洁利用水平很低,不做任何处理直接燃烧,任由污染物在空气中肆虐。很多小煤矿开采不规范,浪费土地和资源,回采率非常低。

煤炭资源是有限的,如果我们将本来能够使用一年的煤炭在一个月用完,那么煤炭资源消耗殆尽的日子马上就会到来,人与资源的可持续发展只是一纸空文。

未来我们还剩下什么

竭尽全力地用还是洗干净了再用？

▶竭尽全力地用

对于煤炭的使用，我们可以毫不客气地说，一定要用得"竭尽全力"，因为只有这样才能提高煤炭的使用效率，用最少的资源发挥最大的作用。同时也要把它收拾得干干净净，给它贴上清洁能源的标签，与我们的环境和睦相处。

▶洗干净了再用

如果你见过燃煤火电站，一定也见过那污染空气的滚滚浓烟，下面就介绍现在最先进的"洁净煤技术"，解决这些张牙舞爪的"魔鬼"。

我们知道，衣服脏了要放在水里洗一洗，科学家也给煤炭发明了这样的"清洗程序"。

科学家提出了"三清洁"的概念，就是清洁燃料、清洁燃烧、清

洁排放。也就是说先把煤放在特殊的装置里清洗加工,减少里面的硫,之后利用清洁燃烧的技术,减少煤燃烧中的二氧化硫和氮氧化合物的排放。清洁排放则是关注下游,锅炉可以采用烟气脱硫装置,脱除二氧化硫和氮氧化合物。通过以上三点,基本可以减少90%的污染物。

在当前世界能源消耗量中,煤炭仍然占据1/3。虽然现在有很多新兴能源,但是由于煤炭的储量太大了,所以在未来很长一段时间里,煤炭还是我们的主要能源。因此,更好地利用煤炭资源,才是我们最应该做的事情。

煤炭的主要成分为碳,含有少量的氢、氧、氯、硫及其他杂质,与植物成分极为相似,故科学家认同煤炭是植物分解后形成的能源。

未来我们还剩下什么

你不知道的

孟加拉国是南亚的一个小国,面积只有14.7万平方公里,然而人口却有1.3亿。煤矿对孟加拉国可谓意义重大,有一批人就是靠煤矿为生。孟加拉国有一座现代化矿井,并且是唯一一座矿井,排水沟外有固定一批人守候在那里,靠捡废水中的煤渣生活。

相关趣闻

它们都是太阳能

烃类和煤炭也是太阳能？虽然经历了几百万年的时间，但烃类和煤炭都可以看作是植物和浮游生物赖以生存的太阳能的浓缩形式。事实上，无处不在的太阳能是我们赖以生存的必要条件，每一分钟照射到地球表面的阳光都可以满足全球人口整整一年的能源需求。

趣味指数：★★★

煤炭开采的不同方式

你去过照不进一丝阳光的煤井深处吗？那暗无天日的地方就是工人们开采煤炭的地方。由于煤炭资源的埋藏深度不同，一般有矿井开采和露天开采两种方式。矿井开采就是要深入到几百米的地下去进行采煤作业。我国煤炭开采以矿井开采为主，山西、山东及东北地区大多数采用这一开采方式。也有露天开采，如内蒙古霍林河煤矿就是我国最大的露天矿区。

趣味指数：★★★★

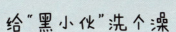

给"黑小伙"洗个澡

生活中接触到的煤炭基本上都是固体形态的,那么你是否听说过煤炭液化呢?煤炭液化就是通过化学的方法,把固体的煤炭变成液体产品。通过液化,得到的能源变得洁净了。洁净的能源可以减少环境污染,也可以缓解能源紧缺造成的压力。

煤炭液化的方法有两种,一种是直接液化,另一种是间接液化。直接液化就是在煤炭中加入氢,在催化剂的作用下,煤炭就从固体变成液体了。间接液化就是用煤炭做原料,先进行汽化,然后再通过催化剂的作用,把气体转化成液体。

趣味指数:★★★★★

煤炭变钻石

我们都知道,煤炭的最主要成分是碳,但是你知道吗,煤在高温的作用下还有可能变成石墨,也就是碳的结晶体。石墨看起来黑黑的、软软的,但是如果条件具备,它还能进一步变成金刚石,就是我们说的钻石哦!这是怎样做到的呢?

在1938年,科学家计算出了石墨变成金刚石需要的条件,那就是压强至少达到15 000个大气压,温度达到1 500摄氏度。现在,有很多金刚石就是从石墨中生产出来的。

趣味指数:★★★★★

流动的能源——石油和天然气

细心的你一定会发现,在我的能源档案馆里有一个蒸馏装置,里面装着当今世界最重要的能源——石油。这个蒸馏装置非常奇妙,它能够加热到不同的温度,然后将石油分解为汽油、煤油、柴油等不同的产品,听起来是不是很神奇?下面让我们来了解一下吧!

"黑小妹"现身记——石油的发现

我们都知道,如果人体没有了血液,那么人体所需要的养分和能量就无从获得。同样的道理,当工业离开石油和天然气,就仿佛人体没有血液一样。所以人们把石油比作是工业的血液,它的重要性可见一斑。

黑色能源家族的小妹妹——石油

汽车的肚子饿了,加油站的工作人员会把一根管子伸进它的肚子里,"咕咚咕咚"地喂饱它,那么你知道喂饱汽车的粮食——汽

未来我们还剩下什么

油,它是从哪里来的吗?是的,它来自石油。

石油是怎样形成的呢?

据我所知,在地球的古生代和中生代,地球上的生物死亡后,有机物开始分解,和泥沙或者矿物质结合,形成了沉积层。日积月累,沉积层越来越厚,就变成了沉积岩。当温度和压力不断加大到一定程度时,沉积物中的有机物就开始发生变化,这些有机物变成了碳和氧的化合物,最后形成了石油。

石油的形成

据科学家推断,这个过程至少经过了200万年,而最古老的石油,据说已经有5亿岁了。从这一点来说,石油是非常来之不易的能源。

为什么长了不同的面孔?

有不少人以为石油是黑色的,其实不然。石油的颜色有绿色、褐色和黑色。石油中含有的胶质和沥青越多,石油的颜色就越深。

当你打开原油样品时,会闻到一股臭鸡蛋的气味,这种气味来自一种叫作硫化氢的气体。

如果你不小心把石油和水混在了一起,猜猜会有什么结果?它们绝不会"纠缠"在一起,石油的密度是很轻的,它会轻巧地浮在水面上。

据说在阿塞拜疆拉贾达朗城外有个很著名的石油浴场,在当地很受欢迎。

石油元素大排队

如果我们让原油中的主要成分站个队,那么比较庞大的那个队伍叫作碳,其次是氢,剩下的一个队伍看起来杂乱无章,里面的元素也多种多样,包括硫、氧等成员。

据科学家测算，原油中碳元素占 2/3 左右，氢元素占 1/10 左右，同时还含有极微量的硫、氧、氮等元素。

碳和氢可以形成多种化合物，按它们的原子数由少到多排列，有甲烷、乙烷、丙烷、丁烷、戊烷、己烷、庚烷、辛烷、壬烷、癸烷、十一烷、十二烷等。

从石油家族走出的成员们

别看我们给石油的主要元素排了队，实际上，碳和氢在石油中呈现的是化合物的状态，这些化合物的"脾气"不一样，想要直接使用似乎不太可能。打个比方，就像各种性格的人搅在一起，发挥不出正常的作用一样。为此，科学家决定给石油"分家"。

"分家"的办法就是加热，也就是蒸馏。蒸馏过程中产生了气体状态的甲烷、乙烷、丙烷和丁烷，然后是石油家庭中的汽油、煤油、柴油和重油。而润滑油、石蜡、沥青等许多

有用的东西又是科学家们通过减压加热法从重油中分解出来的,听起来是不是很神奇?

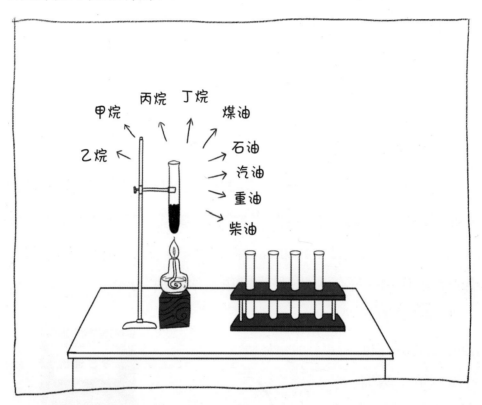

从内陆到深海,石油足迹遍大地

石油分布之内陆篇

为了争夺宝贵的石油,世界上发生了许多战争。比如1990年伊拉克入侵科威特,企图占领它的全部油田。在这场海湾战争中,许多油田被人为烧毁,原油泄漏在海中,造成了巨大的环境污染。

发生这场战争的国家位于中东,你知道为什么吗?

因为中东拥有全球已知石油储量的2/3，仅沙特阿拉伯一个国家就占世界总储量的1/4，所以中东也被称为"世界油库"。储量第二的是中南美洲，接下来是非洲、俄罗斯和北美洲，最后是东南亚、澳大利亚和欧洲。

石油分布之海洋篇

我们知道，世界海洋面积约为3.6亿平方千米，约为陆地面积的2.4倍。大陆架和大陆坡约5 500万平方千米，相当于陆上沉积盆地面积的总和。而地球上已探明石油资源的1/4和最终可采储量的45%，都埋藏在海底。所以我们说世界石油探明储量的重心，将有可能由陆地移向海洋。

卡克鲁亚笔记

为什么汽油的型号用数字来标记呢？

原来汽油在发动机汽缸里燃烧时，会发生爆裂而使汽缸发颤而损坏，这种爆裂与汽油的成分有关。数字越高的汽油，品质越好，抗爆性也越好。

石油的行走路线图

▶想必你见过一车一车的煤炭,但是你可能很少见到一车一车的石油。不要忘了,石油是一种液体,它可以像自来水一样,只需要一根管子就可以送到需要它的地方。

现在全球石油大约有 2/3 是从陆地开采的,于是人们就在地表或者地下铺设了输油管道。石油被泵压入其中,每隔十几千米安置助推器或者接力泵补充动力。

▶在寒冷的地方,石油在低温环境下流动得更加缓慢,这时该如何运输呢?

没关系,我们可以利用超级油轮将石油运输到炼油厂等待进一步的加工。从这一点讲,我不得不佩服人类聪明的大脑了。

石油在地下能够缓慢地流动,就像海绵吸水一样逐渐停留在疏松多孔的岩石中。

物尽其用，石油也是多面手

石油的自述——我能燃烧

石油是一种高效能的优质能源，它能像煤炭一样燃烧，而且发热量更高。如果你的计算能力足够好，那么下面的换算一定难不倒你：

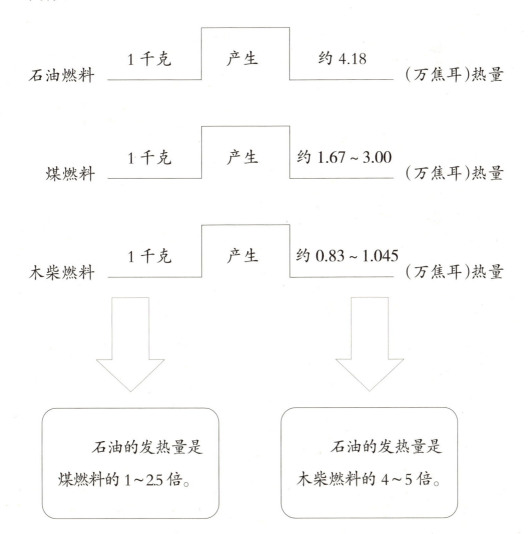

更重要的一点是石油燃烧时产生的烟尘少,对环境的污染也少。石油和它的家族兄弟们作为动力燃料,填饱了汽车、摩托车、快艇、直升机的"肚子",让它们能够自由自在地行走在大地天空,让我们的出行和生活更加便利。

石油的自述——我能做原料

据说有 1/3 的石油作为化工原材料被用于生产。你可能根本无法将又黑又黏的石油和鲜艳明亮的塑料联系在一起,但是科学家们通过加热处理石油和天然气的炼化产物以及其他物质,就真的得到了我们生活中处处可见的塑料,是不是让你大开眼界?

石油的炼化产品还能够在高温、高压和其他化学物质参与进来的情况下生产化工原料,比如染料、肥皂、洗发水、清洁剂、人造橡胶、杀虫剂、除草剂、化妆品……

石油的好伙伴——又轻又干净的天然气

"我"叫天然气

在中国,无论是城市还是乡村,很多人家在做饭的时候,只需要"啪"的一声扭开开关,蓝色的火苗就从燃气灶中腾起,人们用它炒菜做饭,又快又好,又省力又干净。这种能够燃烧的气体,就是天

然气。

从狭义的角度讲,天然气是指天然蕴藏于地层中的烃类和非烃类气体的混合物,主要存在于油田气、气田气、煤层气、泥火山气和生物生成气中。

人们总是把石油和天然气放在一起,为什么呢?

因为天然气也和石油一样,是由几百万年前的动植物残骸沉积在水底,在与空气隔绝的条件下,经细菌分解而形成的。它们虽然产生的条件相同,但是存在的地点有时却并不相同,所以天然气又分为伴生气和非伴生气两种。伴随原油共生,与原油同时被采出的油田气叫伴生气;非伴生气包括纯气田天然气和凝析气田天然气两种,在地层中都以气态存在。

轻巧又安全,干净污染小

天然气是一种既轻又干净的能源,它在燃烧过程中产生的二氧化碳仅为煤的40%左右,产生的二氧化硫也很少。此外,天然气燃烧后不会产生废渣、废水,具有使用安全、热值高、洁净等优势。

仔细找一找,"我"藏在哪里

由于天然气所具有的种种优点,人们开始抓紧寻找大型天然气田,提高天然气的产量,同时也在不断扩大天然气的应用领域。

天然气存在于地下的岩石层中,它以气体形式在含油层上存在,可以说,有原油的地方就有天然气的存在。世界上哪个地区的天然气含量最为丰富呢?首先要数俄罗斯远东地区,其次是波斯湾。在全球范围内,有一百多个陆上天然气开发项目和一百多个浅水天然气开发项目。

"我"的用途真不少

▶燃烧能力是根本

天然气的热值高,而且燃烧过后没有废渣,所以在我们的生活中,如汽车、炼钢、印染、纺织等方面,几乎处处可见天然气的影子。

此外,天然气还是宝贵的化工原料。与其他化工原料相比,天然气含有的硫化物相对较少,所以使用起来既环保,又节省成本。

液态天然气又有着"清洁能源"的别称。如果你仔细观察,会发现很多城市的出租车燃料,都渐渐地从燃油变成了液态天然气。记得下次乘坐出租车的时候,别忘了问一问出租车司机哦!

▶ 运输方便

天然气和煤气一样,有一个非常大的优点,就是运输方便。它可以用管道运输,直接从天然气产地引进千家万户。

此外,天然气的密度小,具有较大的压缩性和扩散性,采出后也可以压缩后灌入容器,或制成液化天然气。

石油和天然气的危机时代悄然到来

危机压顶,提高利用率

如果你常常看新闻,对于能源危机这样的词语一定非常熟悉,这里说的能源危机,就是石油危机。

自1973年开始,国际上接连出现几次石油大危机。很多国家之间"打架",也是为了争夺宝贵的石油。

我们知道,石油和天然气都是不可再生的化石燃料,它们的蕴藏量极其有限,而我们的生活根本就离不开它们,所以我们一方面要提高石油和天然气的利用率,另一方面必须尽快采用新的方法寻求替代能源。

能源危机亟待解决

据国际能源资料统计和专家预言,适合于经济开采的石油和天然气资源只能再开采30年,最多50年便将耗尽。另据地质学家测算,全球石油资源总数的一半蕴藏在海底及地壳之下,尚未发现。近年来专家估计海底石油储量在2 500亿吨以上,即使都开采出来,也仅够人类使用270年。如果按照现在的速度消耗下去,天然气也将在80年后用完。一场能源危机摆在面前,它迫使人们尽早采取措施,在节约能源的同时,积极开发新能源,度过能源危机。

未来我们还剩下什么

你不知道的

对于塑料袋,你可能再熟悉不过了,但是你知道吗,全国每个城市居民每天平均要消耗1个塑料袋,按8亿人计算,一天要消耗32万吨塑料。焚烧处理这些塑料袋,将产生大量的二氧化碳和有害气体,污染环境。

相关趣闻

他们这样找石油

在石油被发现之处,人们找石油的方式也是千奇百怪。据说在19世纪的美国,有一群年轻人在宾夕法尼亚州、得克萨斯州等地聚集,想靠石油发迹而成为富翁。听说他们采用的勘探方法就是把帽子抛向空中,帽子落在哪就在哪钻井。真是让人大开眼界。

趣味指数:★★★★★

石油也有"酸"和"甜"

"酸"和"甜"可以用来形容石油?这可不是品尝食物。但是科学家也不是在和你开玩笑。在石油领域,这两个词被用来表示原油中含硫量的高低:含硫量低于1%的低硫油就是"甜";相反,含硫量高于1%的高硫油就是"酸"。中国大庆的原油硫含量仅0.1%,自然是特别"甜"啦!

趣味指数:★★★★★

中国的天然气使用历史

中国是世界上最早用天然气做燃料的国家。早在两千多年前,中国的四川临邛县(即今四川邛崃市)就利用天然气来煮盐。

"凿井如置产,恒引供烹饲。亦可用煮盐,盐井则别异。"描述的就是用天然气井煮盐的情况。据古书中介绍,这种天然气井深达200米。英国有记载的使用天然气的时间是1668年,比中国要晚13个世纪。

趣味指数:★★★★

从植物中得来的石油

从植物中也能得到石油吗?答案是肯定的。1977年,美国科学家从一种叫霍霍巴的野生常绿灌木植物的乳液中,首次成功提取出了一种宛如汽油的液体燃料。经试用表明,它完全可以作为石油的替代品。

在巴西,人们也同样发现了一棵奇怪的树,它已经有100多岁了。只要在树干上挖一个洞,一小时内就能流出5至10升"柴油",而更令人不解的是这种"柴油"不用加工,直接就能在柴油机中使用。

趣味指数:★★★★★

小元素的大能量——核能

在化石能源告急的今天,科学家也加快了对新能源研究的步伐。在能源档案馆的墙上,有一张非常直观的元素周期表,我要为你们介绍的是周期表中的最后一个天然元素——铀。从这个并不起眼的元素身上,我们要发现和寻找一种更加神奇的能源——核能,我们现在就出发吧!

我很小,但我很强大

你可不要以为铀会像铁一样随处可见,主要原因有两点:一是它在大自然中非常稀有,一般人根本找不到它;二是它具有一种可怕的"法术"——放射性。

如果人类暴露在它的"法术"下,会对健康造成很大的危害。所以即使你见到它,也要躲得远远的。

即便这样,核能却从它而来,这一切要从物质的微观世界说起……

微观世界真奇妙

我们知道,自然界的所有物质都是由数不清的分子构成的,比如水分子。水分子有多大?打个比方,将水分子和乒乓球相比,就好像将乒乓球和地球相比,大小差距实在令人难以想象!

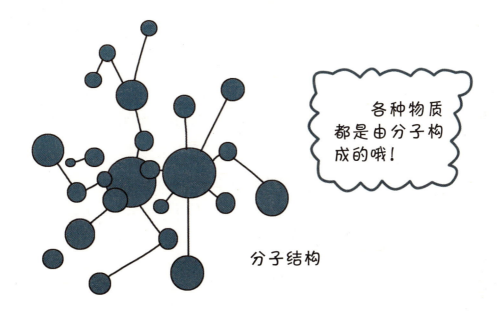

各种物质都是由分子构成的哦!

分子结构

这么小的分子又由更小的原子构成,后来科学家发现在这个小小的原子中心还有一个密实的核,原子的绝大部分质量都集中在这个核里。在这个小小的核里还藏着更小的粒子——质子和中子。

上面提到的这些水分子以及原子、原子核、质子、中子,你想睁大眼睛看到它们是徒劳的,因为它们实在是太小太小了,科学家都要使用显微镜来观察它们。现在你能够体会原子有多么微小了吧,你是不是觉得微观世界很奇妙、很神秘呢?

庐山真面目——核能

当你了解了什么是原子核,那么就要切入正题了,什么是核能呢?核能就是通过核反应,从原子核释放的能量,它有一个通俗的名称叫原子能。

核能的发现和我开篇提到的一种化学物质——铀有关。科学家在一次实验中发现铀-235原子核在吸收一个中子以后能分裂,在放出2至3个中子的同时伴随着一种巨大的能量,于是就发现了我们今天所说的核能。

别看我们叙述核能的发现过程如此简单,它可是耗费了许多科学家一生的精力才实现的。毋庸置疑,核能也是一种来之不易的能源。

在现代科学中,有两种途径可以获得核能,一种是重核裂变,另一种是轻核聚变。

这其中的能量转换过程,符合由爱因斯坦发的质能方程 $E=mc^2$,其中 E 指能量(也就是我们说的核能), m 指质量(原子的质量), c 指光速常量。

核能真的很强大吗？

核能的产生是不是看起来很"高大上"？

是的，它不但看起来很"高大上"，而且能量巨大。下面是我为你们提供的对比数字：

1千克	煤		3度电
1千克	铀		800万度电

这两个数字是不是有天壤之别？原因就在于煤燃烧释放的是化学能，而铀释放的是核能。

在体积和运输上，核能也是遥遥领先的。举例来说，一个20万千瓦的火力发电站一天要烧掉3 000吨煤，这些煤需要100个火车皮来运输。而一个同样发电能力的核电站，一天只需要消耗1千克铀，猜一猜，1千克铀的体积有多大？

只有三个火柴盒摞起来那么大！非常不可思议，但这的确是事实。所以说，核能虽小却很强大。

核能发电利用铀燃料进行核分裂连锁反应所产生的热，将水加热成高温高压，利用产生的水蒸气推动蒸汽轮机带动发电机，

并通过发电机最终转化成电能,再顺着电网就顺利地送到了千家万户。

核电站等于原子弹吗

核电站=原子弹?答案是否定的。为什么?我们继续看吧!

战场上的核能"首秀"

在很早以前,核能离人们的生活非常遥远,它只是存在于科学家实验室里的一个调皮的精灵。它第一次出现在世人的眼中并不受欢迎,下面让我为你讲述一下二战中使用的核能吧。

1945年8月6日与9日,美国将两颗命名为"小男孩"和"胖子"的原子弹分别投掷在日本的广岛和长崎,这两座城市几乎全被摧毁。

这条消息在全世界传播开来,一时间核能与核武器成了街头巷尾人人谈之色变的名词。难道核能真的只能用来毁坏城市,发动战争吗?答案当然是否定的。

是魔鬼还是天使?

从战争的角度说,核能是魔鬼,因为它能给人类带来灭顶之灾,比如原子弹和氢弹。但是也有人说它是天使,因为它能给人类带来福音,人们将它的能量用在生产中,成为一种新的能源。

有人甚至说,科学家利用核能是20世纪伟大的科技成果之一。所以,我建议科学家将核能用在为人类造福的地方。

神秘的核电站

核电站是核能发挥作用的体现，它为人类送去了电能，送去了光明。

人类首次利用核能发电是在 1951 年，在美国的爱达荷州进行了世界上第一次核能发电试验并获得成功。

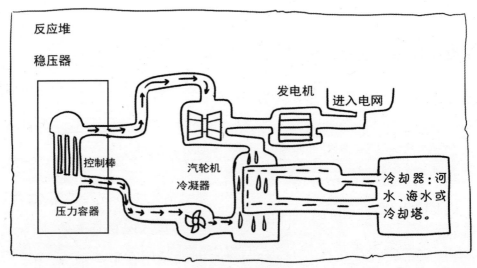

核能发电示意图

1954 年，苏联建成了世界上第一座试验核电站，发电功率为 5 000 千瓦。

中国的核电站起步就比较晚，1991 年，中国建成了第一座核电站——秦山核电站，之后又建成了大亚湾核电站、岭澳核电站和田湾核电站。

核电站与火电站发电过程相同，都是将热能转换为机械能再转换为电能，不同之处主要是热源部分。火电站是通过化石燃料在锅炉设备中燃烧产生热量。

核电站对于减缓电荒,减少二氧化碳排放量意义重大,在核电站建设上,中国更是任重而道远。

铀仍然是核电站的主角

核电站是通过核燃料链式裂变反应产生热量。我们在前面提到过,有两种途径可以获得核能,一种是重核裂变,另一种是轻核聚变。

铀-235、铀-233和钚-239是发生核裂变的主要材料,又称裂变核燃料;而氘和氚则是发生核聚变的核燃料,又称聚变核燃料。在我们的生活应用中,铀是目前普遍使用的核燃料。

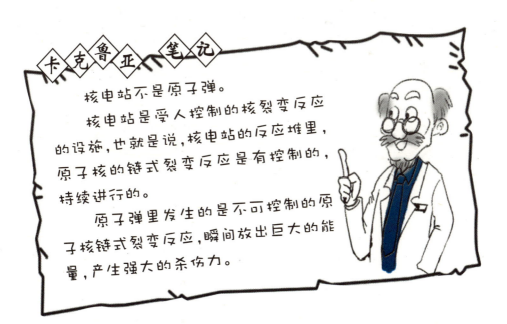

卡克鲁亚笔记

核电站不是原子弹。

核电站是受人控制的核裂变反应的设施,也就是说,核电站的反应堆里,原子核的链式裂变反应是有控制的,持续进行的。

原子弹里发生的是不可控制的原子核链式裂变反应,瞬间放出巨大的能量,产生强大的杀伤力。

核能是把双刃剑

干净清洁,能量"爆棚"

1 000克铀-235裂变反应释放的能量相当于燃烧2 500吨标准煤炭,1 000克钚-239裂变反应释放的能量相当于燃烧3 000吨标准煤炭。可见在节省燃料方面,核电站比火力发电厂的效率高多了。

▶核能是清洁能源

除了核废料外,核能在利用过程中不会像煤和石油那样产生烟尘、二氧化碳、氮氧化物和二氧化硫,所以也就不会造成温室效应及酸雨危害。当化石能源的警钟敲响,核能成为人类的希望之光。

▶核能是个巨能超人

因为核链式裂变反应释放出的热量十分巨大,以铀和钚为例:

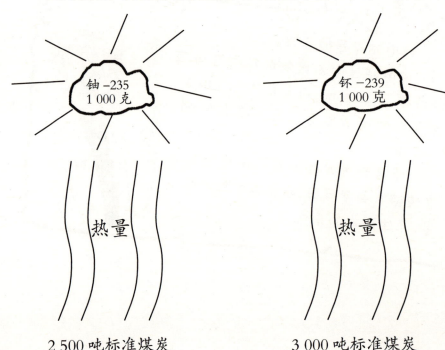

运输方面的优越性

核能的利用具有很大的地域灵活性,这与化石能源的"东奔西跑"形成鲜明对比。

你一定听说过"西气东输""北煤南运"吧,因为中国的东南沿海地区虽然经济发达,但是化石能源大多分布在西部和北部,所以能源运输成为必然。而核燃料因为密度大、体积小,运输和储存都相当方便。

前景广阔的核能

核能的资源可供人类长期利用,下面我们来看一组资料:

地壳中铀元素的含量是平均每吨 3 克,这个含量大约是黄金含量的 1 000 倍;世界上铀矿最丰富的地区是加拿大、澳大利亚、哈萨

澳大利亚铀矿分布图

克斯坦和北美。

全世界铀矿资源约为450万吨,目前世界上铀矿消耗的速率是每年6万吨,这些铀矿资源可够慢中子反应堆使用大约70年。

同时,核聚变所需要的原料在海洋中十分富集,只是目前人类还没有完全掌控核聚变能量的生产和利用,相信人类通过不断的研究开发,一定能够发掘出更多的核能资源。

正是由于核能所具有的特点,使其在可替代能源,如水能、风能、太阳能、生物质能中占据了很重要的地位,成为不可缺少的替代能源。

卡克鲁亚笔记

核反应堆不仅仅用于核电站,还可以用于供热,以及为上天入海的飞船、潜艇提供能源动力。

以核动力推进的潜艇就是核潜艇,核潜艇的特点是能够长期、连续地在水中进行巡航或者战斗活动。

不要轻易惹怒它

任何事物都具有两重性,核能为人类提供了巨大的能源,但核能在利用过程中产生的核废料如果处置不当,也会给环境带来极大的危害。核废料对环境污染是因其具有强度不等的放射性。

1979年3月,美国三里岛核电站发生核泄漏事故;1986年4月,苏联切尔诺贝利核电站发生核泄漏事故。这些事故大大加剧了人们对核能的忧虑,所以如何更好地处理核废料、加强反应堆的安全监控等,都是需要人类进一步思考的问题。

相关趣闻

只有12个人知道的原子弹研制

原子弹爆炸的威力非常巨大,对于它的研发一定要慎之又慎。你知道吗?在原子弹研发之初,全美国只有12个人知道整个研究情况,很多人甚至都不知道自己正在从事原子弹的研制,即便是高层领导,也只有罗斯福总统和陆军部长史汀生知道内情,当时的副总统杜鲁门都不知道美国还有原子弹的研制计划。

趣味指数:★★★★★

切尔诺贝利核事故

这是一起发生在苏联统治下,乌克兰境内切尔诺贝利核电站的核子反应堆事故,该事故被认为是历史上最严重的核电事故。1986年4月26日凌晨1点23分,乌克兰普里皮亚季邻近的切尔诺贝利核电厂第四号反应堆发生了爆炸。连续的爆炸引发了大火并散发出大量高能辐射物质到大气层中,这些辐射尘涵盖了大面积区域。这次灾难所释放出的辐射线剂量是二战时期爆炸于广岛的原子弹的400倍以上。

趣味指数:★★

未来我们还剩下什么

你没见过的核能手表

Nuclear Watch,这是一个真正意义上的核能手表。它发出的微弱的光辉来自衰变的放射性氢原子,它的每个半衰周期有12.3年之久。根据其产品描述,这款手表含100万亿个放射性氢原子,分配在手表的表盘和指针上。这些原子存储在覆以磷光材料的玻璃管内,氢原子衰变时发射的电子会产生作用,从而使其发光。

趣味指数:★★★★

核能汽车

世界上储存的原油在一天天减少,能源危机迫在眉睫,一些汽车生产商开始着手研究更换动力。最近就有美国科学家制造了利用核燃料"钍"作为电力的核能汽车,只要8公克,就相当于6万加仑的油,足以让悍马车跑155万公里,几乎是只要加了一次,就能撑到车子坏掉,更重要的是,在此过程中完全不会产生废气。

趣味指数:★★★★★

水能载舟——水能发电

今天是我能源档案馆开馆的日子,展览的主题是"水能和水能发电"。从我手中拿着的地球仪,你们可以看到地球表面的71%被水覆盖,所以在遥远的外太空,地球看起来就像一颗闪闪发光的蓝宝石。今天的水能展览,就从水资源开始。

⚛ 水能发电,潜力无限

说到水资源,你首先想到什么?是杯中的白开水吗?

没错,离开它,我们甚至无法生存。但是水资源的概念可比白开水大得多了,最具有代表性的当数河流。

我们知道,河流是人类重要的自然资源,农民伯伯用它灌溉,航船要在河面上行驶,鱼类以水生存,还有我们的日常生活用水都来自于河流,而我们今天要说的,是利用水力来发电。是的,就是这看起来非常平凡的水,却可以为人类创造无限光明的电,神奇吗?

源源不断的水能

"君不见黄河之水天上来,奔流到海不复回。"

这波涛滚滚的江河中蕴藏着无穷的能量,我们称之为水能资源,它是新能源的一种。水能资源的概念有以下两种:

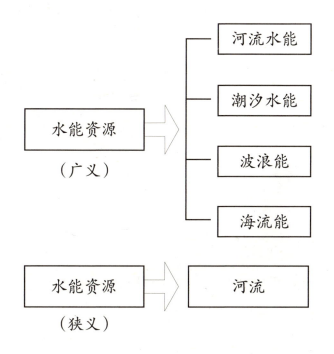

与煤炭、石油、天然气等化石能源不同,水能是一种可再生能源,也不会向环境排放温室气体,也就是说它是可以源源不断产生的清洁能源。

平凡的水,神奇的水能

为什么说水能很神奇?因为通过它的"努力",人类能够得到电能。

我们知道电能是二次能源,我们也知道煤炭和核燃料的燃烧都能够发电,那么人类又是如何利用水能来发电的呢?

简单地说,就是水从河流或者水库等比较高的地方向比较低的地方流动,水的压力或者流速冲击水轮机,使水轮机高速旋转,从而将水产生的能量运送到水轮机上,然后再由水轮机带动发电机旋转,进而产生电流。

这个看似简单的过程,却付出了几代人的汗水和智慧,所以我们既要感谢水,更要感谢将水能利用起来的先辈们。

水能分布知多少

在中国,水能的分布状况如何呢?

据计算,中国的水能资源总蕴藏量达6.8亿千瓦,可开发的水能资源世界首位。但是中国的水能资源分布不均衡,大部分集中在西南地区,其次在中南地区,而经济发达、人口相对集中的东部沿海地区,水能资源比较稀少。

中国的水能资源以长江水系为最多,其次为雅鲁藏布江水系。黄河水系和珠江水系的水能蕴藏量也较大。

目前中国水能资源已开发利用的地区,集中在长江、黄河和珠江上游。

卡克鲁亚笔记

在人类还处于蒙昧时期,就认识到了水能的巨大威力。中国流传至今的大禹治水的故事,就是人类和水流进行搏斗的最早记载。水能的利用则开始于汉朝,人们制造出用水驱动做舂以去除谷壳、麦壳的水碓(dui)。这可能是最早的水力机械。

世界第一的水电站在哪里

水能的历史渊源

人类在大自然中生存,一面是抗争,但是更多的是利用大自然的能量来为自己谋福利。

人类利用水能的时间非常早,早在2 000多年前,埃及、中国和

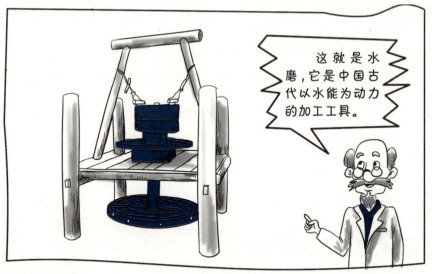

印度就已经会制造水车、水磨和水碓,利用水能进行农业生产。

18世纪30年代,新型水力发电站出现,到了18世纪末,这种水力发电站发展成为大型工业的动力,用于面粉厂、棉纺厂和矿石开采。

水电站的蓬勃兴起,要归功于19世纪末远距离输电技术的发明。在解决了电力输送的问题后,水电站的意义才真正凸显出来。

其实水能还有一种利用方式,这种方式虽然原始,但是却很实用。如果你曾经生活在交通不便和电力缺少的偏远山区,你会看到农民伯伯还在用水轮泵或者水锤泵灌溉农田。在现代化机械达不到的偏远地区,在对水能的利用上,人类的智慧得到了最大程度的体现。

三峡水电站,领跑全世界

说到水能利用的极致,我们不得不提到一个巨大的工程——三峡水电站。

长江三峡位于长江上游,如果从重庆乘船沿长江顺流而下,会依次经过瞿塘峡、巫峡和西陵峡,这就是长江三峡。三峡水电站就位于西陵峡谷内。

长江三峡西起重庆市奉节县白帝城,东至湖北省宜昌市南津关,全长193千米,是世界上最大的峡谷之一。

长江两岸,绝壁悬崖,长江巨流奔腾而去,水量非常充沛,水能资源丰富。

三峡水电站是迄今为止世界上最大的水电站。

敢称最大,就要用数据说话。三峡水电站的总装机容量为1 820万千瓦,比20世纪建成的当时世界最大水电站——位于巴西

和巴拉圭交界处的伊泰普水电站的1 400万千瓦总发电能力还要多。

从发电能力来说,三峡水电站年发电量为846.8亿千瓦时,相当于一座年产4 000万吨的原煤矿,而用水能发电代替燃煤,每年二氧化碳排放量可以减少1亿吨。

还会不会有比三峡更大的水电站

如果你是个爱思考的人,一定会有这样的疑问:难道三峡水电站已经是水电站中的极限了吗?

如果从水能资源的角度讲,答案是否定的。

中国的雅鲁藏布大峡水能资源比三峡更丰富。整个大峡谷蕴藏了6 880万千瓦的水能,这个数字让它在世界所有大峡谷中名列榜首。

科学家们估计,如果可以恰到好处地选择水利枢纽的位置,那么在雅鲁藏布大峡谷上,将出现一个世界顶级的水力发电站。

中国的第一座水电站,是位于云南昆明的石龙坝水电站。

卡克鲁亚笔记

伊泰普水电站，是仅次于三峡水电站的世界第二大水电站，位于巴拉那河流经巴西与巴拉圭两国边境的河段，为两国共建。这里河水流量大，水流湍急。大坝长7744米，高196米，共安装了70台发电机组，总装机容量为1400万千瓦，年发电量可达900亿度。

博士公开课——水电开发与生态保护

怒江水电开发之争

对于任何事情，我们都要从两个方面来考虑，水电开发也一样。

怒江发源于青藏高原的唐古拉山南麓，它和雅鲁藏布江是中国到目前为止仅有的两条没有修建大坝的河流。

很多人都反对在怒江建大坝，首先是因为修建大坝会破坏怒江峡谷"三江并流"的景观，破坏当地的旅游资源；其次是怒江的鱼类资源丰富，如果建设大坝，势必会破坏这些鱼类的生存环境，甚至造成鱼类的灭绝；最后就是建设大坝对当地地质、地貌、水文、生态、人类的生产生活、民族文化、经济和社会发展等带来难以估计的影响。

其实上面所提到的问题,在任何一个大坝的建设中都会遇到。三峡大坝的建设,就淹没了632平方千米的土地,生态改变、人口迁移、人文景观的消失问题随之凸显。

大坝建设也要保护生态

建设大坝,利用水能发电,是人类改造大自然的结果,所以任何一个国家在水能的开发过程中都难免会对环境造成影响。在开发中尽量减少对地质环境和生态环境的影响,成为人类不可回避的现实问题。

从这个角度来讲,水利专家更应该重视生态环境问题,一定要从保护河流的角度出发,去开发和利用水能,因为在大河上建设水电站,乃是牵一发而动全身的举措。我们不仅要考虑眼前利益,更要为我们的子孙后代创造一个良好的生态环境。

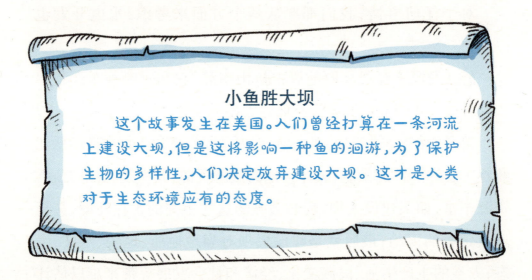

小鱼胜大坝

这个故事发生在美国。人们曾经打算在一条河流上建设大坝,但是这将影响一种鱼的洄游,为了保护生物的多样性,人们决定放弃建设大坝。这才是人类对于生态环境应有的态度。

未来我们还剩下什么

	世界十大水电站			
排名	水电站名称	开工时间	完工时间	位置
1	三峡水电站（已建）	1994年	2009年	位于中国重庆市到湖北省宜昌市之间的长江干流上
2	白鹤滩水电站（已建）	2010年	2022年	位于中国云南省昭通市巧家县与四川省凉山州宁南县接壤的金沙江上
3	伊泰普水电站（已建）	1975年	1991年	位于巴西与巴拉圭之间的巴拉那河上
4	溪洛渡水电站（已建）	2005年	2015年	位于中国四川省凉山州雷波县与云南省昭通市永善县接壤的金沙江上
5	乌东德水电站（已建）	2012年	2024年	位于中国四川省凉山州会东县和云南省昆明市禄劝县交界的金沙江下游
6	贝罗蒙特水电站（已建）	2011年	2019年	位于巴西帕拉州的亚马逊河支流欣古河上
7	大古力水电站（已建）	1933年	1951年	位于美国西北部华盛顿州附近的哥伦比亚河
8	古里水电站（已建）	1963年	1977年	位于委内瑞拉东南部奥里诺科河支流卡罗尼河上
9	图库鲁伊水电站（已建）	1975年	1988年	位于巴西帕拉州北部的托坎廷斯河上
10	拉格朗德二级水电站(已建)	1973年	1982年	位于加拿大魁北克省北部詹姆斯湾边远地区

相关趣闻

如果地球水资源枯竭了怎么办？

水是生命之源，如果地球上的水资源枯竭了怎么办？德国科学家最新研究发现，太阳系附近有三颗适宜生命繁衍的"超级地球"。"超级地球"也称超级类地行星，是指那些环境可能和地球类似，而质量通常为地球2至10倍的行星。这三颗行星围绕天蝎座的一颗恒星运行，距离地球仅22光年，且这三颗星球上都有水，可能存在外星生命。

趣味指数：★★★★

水能利用追本溯源

当水力机械出现以后，水能就成为农业生产的重要动力来源，这大大提高了农业的生产效率，也标志着水能利用进入一个新时期。世界著名的水利工程——都江堰，就是根据地形、山脉、水势，乘势利导，无坝引水，自流灌溉，使堤防、分水、泄洪、排沙、控流相互依存，共为体系，保证了防洪、灌溉、水运和社会用水综合效益的充分发挥。

趣味指数：★★★

未来我们还剩下什么

水能钟

如果你是时尚达人,可能对水能钟并不陌生。环保的水能钟完全不需要电池,只要在时钟背面的瓶子里充满水,就可清楚地显示时间和日期,数个星期都不必再添水。水能钟是用液态自来水制成的水电池来代替化学干电池,给时钟的液晶屏供电,解决了现有的化学干电池容易污染环境和危害人体健康的问题,既绿色又环保。

趣味指数:★★★★

水果皮的功劳

水果皮可以净化污水吗?新加坡国立大学的教授就想出了一种用水果皮净化污水的办法。只要把一些西红柿皮或苹果皮放入医用酒精中,使它脱水,然后再将这些脱水的水果皮放入被污染的水中几小时,水中的重金属物、染料、农药和金、银等纳米粒子就能被这些水果皮吸收了。再将水果皮拿出来,剩下的水甚至达到可以饮用的标准。

趣味指数:★★★★★

万物生长靠太阳——太阳能

告诉你一个秘密，在我的实验室屋顶，安装着一个太阳能电池方阵，用来给实验室供电。使用这样的电能是最清洁的，既没有消耗能源，又没有向环境排放污染物。那么太阳能到底有多神奇呢？跟我一起来了解一下吧！

万物之能——太阳能

在能源家族中，太阳能是一个受人尊重的长者。从"岁数"上讲，它历史悠久，从地球诞生就有它的踪迹；从覆盖范围上讲，它可谓无所不在；它是直接拿来就用的一次能源，也是永远不会枯竭的可再生能源。

人们使用它时不用"付费"，也不用像煤炭、石油一样要"搬来搬去"，最重要的一点是它对环境没有任何污染。因此可以说，太阳能是一个十项全能的能源"选手"。

能源之母

也许你对人类与太阳的关系还停留在《后羿射日》《夸父逐日》这样的神话传说上,不过从这些神话传说中,你是否已经看出了太阳能的巨大威力?

不管古人对于太阳持何种态度,但是到了今天,我们要热情地拥抱它并说一声"你好",因为太阳赐予了我们最宝贵的能源——太阳能。

那么,什么是太阳能呢?

一般来说,太阳能是指太阳带给我们的光能和热能。再延伸一点说,除了地热能和核能,地球上的水能、风能、生物质能和化石燃料能源等几乎都来自太阳能,可以说太阳能是人类的"能源之母",没有太阳能就没有人类的一切。

太阳是我们的好朋友,太阳赐予了我们地球宝贵的能源——太阳能。

太阳能的产生

太阳内部一直在进行着一种由氢变成氦的原子核反应,在核聚变的过程中不停地释放出能量,并不断地向宇宙空间辐射能量,于是就形成了太阳能。

可能你又要疑惑,太阳内部的核聚变会一直发生吗?

现在让我告诉你答案:太阳内部的这种核聚变反应,可以维持几十亿年的时间。现在,你是不是放心了?

曾经的太阳能

在3 000年以前,人类的祖先曾经使用一种叫作"阳燧"的简单器具向太阳"取火",开创了人类利用太阳能的新时代。

人类利用太阳能的例子比比皆是。在古希腊,有一个著名的物理学家叫阿基米德，他曾经用无数面镜子将太阳光聚集起来，一举烧毁了敌人的战船。

人类真正开始深刻地认识太阳能，开发利用太阳能，也是最近几十年的事。近年来，太阳能的光热利用发展非常快，这从人类制造的太阳能热水器、太阳能电池就可以看出来。

通过这些设备，人们可以将太阳光的热能用于取暖、制冷、通风、烘干、冶炼、洗浴、发电等方方面面，一方面节约了其他能源，另一方面也为能源短缺的地方提供了能源。

太阳能有哪些优点

▶优点一：它具有普遍性。阳光普照大地，无论陆地、海洋还是高山、平地，到处都有太阳能，而且太阳能的光和热可以直接使用，不必开采，也不必运输。

▶优点二：它对环境没有伤害。化石能源对于环境有着巨大的污染，但是太阳能却是一种干净、清洁的能源。

▶优点三：巨大性。这样说是因为每年到达地球表面的太阳辐射能相当于130万亿吨标准煤，是现今世界上可以开发的最大的能源。

▶优点四：长久性太阳中氢的储量足够维持上百亿年，而地球的寿命也就几十亿年，从这个角度来讲，太阳能是取之不尽，用之不竭的。

太阳能的应用

太阳能的热利用

▶太阳能热水器

人们最早利用太阳能的形式之一就是将水加热。

在很多人的房屋顶上都能够看到太阳能热水器的身影,它通过收集器、储存装置和循环管路三部分为我们提供热水。炎炎夏日,疲劳了一天的人们随时都可以打开水龙头,冲一个舒服的热水澡。

▶太阳能暖房

在很多寒冷的地方,冬天温度非常低,室内必须有取暖设备,人们想出了一个节约传统能源的好方法,通过采集太阳能为冷水或者空气加热,为房间提供热量。

未来我们还剩下什么

听起来是不是很奇妙,如果有机会可以去参观一下。

太阳能发电

太阳能发电,简单一点说就是直接将太阳能转换为电能,并将电能存储在电容器中,以备使用。这里我们说说常见的太阳能电池。

太阳能电池也叫光伏电池,是继干电池、蓄电池、汞锌电池、镍

你是否见过太阳灶?太阳灶就是利用太阳能辐射,通过聚光获取热量进行烹饪的一种装置。它不需要燃料,也没有任何污染哦!

电池等众多成员之后出现的一位后来居上的年轻伙伴。

如果你细心观察,会发现有些小型计算器上就有太阳能电池,不过这些都是太阳能电池小规模的使用。

我们常常在人造卫星和空间站看到巨大的太阳能电池板,因为电池的成本比较高,想要在地面上普及,还需要很长时间有很多事要做。

在我们的日常生活中,太阳能还可以驱动汽车,是不是不敢相信?

太阳能汽车上有密密麻麻的像蜂窝一样的装置,这就是太阳能电池板,太阳能电池板采集阳光,汽车在行进时,被转换的太阳能直接送到发动机控制系统,成为供汽车前行的动力。是不是非常神奇?

趣味太阳能

▶我们常常在阳光充足的地方看到太阳能灯,这种太阳能灯既不用埋线也不用消耗常规电能,真是既清洁环保又节能。

▶太阳能垃圾箱。当人们倒垃圾的时候,垃圾箱的盖子会自动开启。当我们倒完垃圾以后,垃圾箱的盖子会自动关闭,同时还会发出滑稽的声音:"保护环境你真棒!"

▶农民伯伯总是担心庄稼被鸟儿破坏,所以科学家就发明了太阳能超声波驱鸟器,放在供电不便的野外,既能驱赶鸟类,又不会伤害鸟儿。

这仅仅是在生活中利用太阳能的几个例子,如今太阳能飞机已经飞上了天空,未来一定会有更多领域使用太阳能。太阳,不仅仅为我们送来光明和温暖,更为我们的生活带来舒适与便捷。

我的未来不是梦

近几年来,太阳能产业在中国得到了迅猛的发展,中国已成为

全球重要的光伏产品生产大国,为改善全球日益恶化的环境做出了巨大的贡献。

随着全球能源紧张、气候变暖的威胁日益加重,寻找替代能源势在必行,而清洁、安全、源源不断的太阳能愈加成为全球关注的焦点。越来越多的"阳光计划"在不同国家实行,太阳能开发的前景一片光明。

你不知道的

如果你在旅途中突然发现手机或者相机没电了,是不是心中万分焦急和懊恼?

其实你只需要带上一个太阳能充电器,就可以解决这些烦恼。它能够将太阳能转换为电能,并存储在蓄电池里,做到随用随充。

未来我们还剩下什么

相关趣闻

太阳能的应用

太阳能电话离我们并不遥远。在约旦的一些公路两旁,经常可以见到"顶着"太阳能电池板的电线杆,它可以将阳光转换为电能,然后向蓄电池充电,这样电话就可以连续使用了。司机随时可以使用这种太阳能电话,非常方便。芬兰制成了一种用太阳能电池供电的彩色电视机,太阳能电池板就装在房顶上,还配有蓄电池,保证电视机的连续供电,既节省电量又安全可靠。

趣味指数:★★★

太阳能室外照明灯

日本一家公司推出了一款全自动亮灭的室外照明灯。当有行人或者车辆走近它时,它便自动通电亮灯,当离开它时,又能自动熄灭。这是一种以阳光蓄电池为电源的感应路灯,可以安装在阳光能照射到的任何地方。它不需要电线,而且是一次性投资,真是一劳永逸。

趣味指数:★★★★

插上翅膀去翱翔——风能

窗外乌云密布,狂风大作。龙卷风裹挟着暴雨降临到这座城市。我透过紧闭的窗户,看着外面肆虐的狂风,如何让这个大自然的"暴君"乖乖地为人类所用,成为新的能源呢?

这一章,请跟随我来了解另一种自然能源——风能。

🔬 风能也是自然之能

其实说风是"暴君"并不公平,因为我们也曾感受过春风拂面的温柔,体会过夏日晚风的舒爽;我们虽然经历过秋风萧瑟,但也曾裹紧大衣,在冬日凛冽的寒风中尽情奔跑。

我们一年四季都与风相伴,风没有感情,是我们的情感让它有了色彩,那么接下来就让我带领你们一起去了解真实的风能吧!

风的形成

风是一种自然现象,风的起因是由于地球上不同地形的地区接受太阳热量的程度不均衡。为了让你们更好地理解风的形成,我要进行以下更详细的解说。

大家都知道,当无私的太阳普照大地,每寸土地都会得到热量,但是高山、低谷、平原等不同的地形得到的热量也是不同的,于是就造成了空气冷暖程度不同的结果。

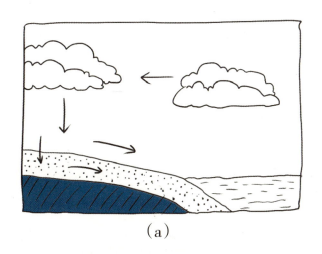

(a)

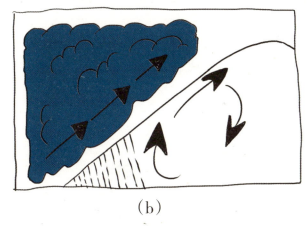

(b)

这时候,暖空气像松开的气球一样膨胀上升,而冷空气变重后慢慢下降,所以冷暖空气在水平方向形成流动,空气开始流动,风就形成了。

流动的能量——风能

我们时常形容赛跑比赛中,说运动员有风一样的速度。细心的你可能会问,风也有速度吗?当然有。

如果你在风中行走,一定有过这样的感受:风速越大,树叶就摇晃得越厉害。究其原因,就在于风速越大,风所具有的能量就越大,那么我们把风所具有的这种能量叫作风能。

和太阳能一样,风能也是绿色无污染的、可再生的新能源。无须预言未来,风能现在就在我们的生活中逐渐发挥着越来越大的作用。

树大招风——风力等级

我们能够感受到不同程度的风,所以人类就用风力等级来表示风的大小。

如果你想知道风力等级,只需要看看周围的物体被风吹过之后是什么情形,你就会得到答案。

风被分为12个等级,各个级别的风,特征也不同。

2级风吹过,人有轻风拂面的感觉,树叶会发出微响,风向标会转动。

未来我们还剩下什么

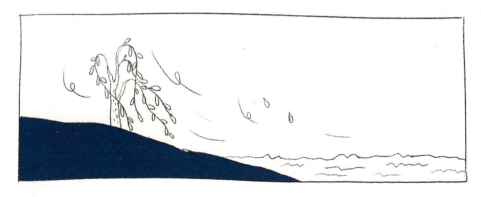

5级风时,小树随风摇摆,内陆的水面有小波。

8级大风就可折毁树枝,人迎风行走很困难。

一旦风力达到更高等级,就会给我们的生产和生活带来明显影响,甚至可以说是破坏。中国的北京曾刮起过11级大风,城市上空布满了沙尘,给人们出行带来很大不便!

风能力量大

风是一种自然现象,它本身没有意识,因此当大风肆虐时,造成的灾难令人骇然。

风力无比强大,台风吹倒大树,吹翻房屋;飓风掀翻万吨巨轮。

1949年11月发生在大西洋的一次风暴中,600多艘船葬身大海;在欧洲发生的一次风暴中,25万棵树被连根拔起。风真是当之无愧的"大力士"啊!

风拥有这么大的能量,如果人类能好好利用,结果会怎样呢?

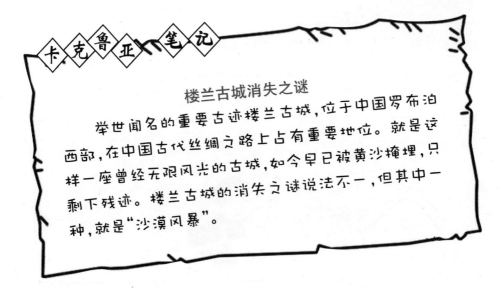

卡克鲁亚笔记

楼兰古城消失之谜

举世闻名的重要古迹楼兰古城,位于中国罗布泊西部,在中国古代丝绸之路上占有重要地位。就是这样一座曾经无限风光的古城,如今早已被黄沙掩埋,只剩下残迹。楼兰古城的消失之谜说法不一,但其中一种,就是"沙漠风暴"。

为我所用——风能的利用

人类利用风能的历史

人类利用风能的历史可以追溯到公元前。中国是世界上最早利用风能的国家之一,古代人民利用风力提水、灌溉、磨面、舂米,用风帆推动船舶前进,宋代更是中国应用风车的全盛时代。

风帆,你一定很熟悉,就是推动帆船前进的帆篷,大海上常常能见到它们的身影。你知道吗?500多年前,哥伦布就是利用帆船横

渡大西洋,才发现了美洲新大陆。

老式的风车,人们用它来引水灌溉和带动其他机械转动,如果你的记性足够好的话,在本书的开篇,我就提到过这样一台风车哦!

现代人对风能的利用

让我用数据来展示一下风的能量吧!

到目前为止,据科学家们估计,世界上可以被人类利用的风力资源,如果全都用来发电,功率大约有10亿千瓦,这比地球上可以开发利用的水能要大10倍。全世界每年燃烧煤释放出的能量,只占风一年提供能量的1/3 000,这真是不比不知道,一比吓一跳啊!

风力发电是人们利用风能的主要表现形式。当风吹动风轮时,风力带动风轮绕轴旋转,使得风能转化为机械能。

不过人类太聪明了,当他们发现风车带来了机械能之后,并不只满足于用它来发电,他们还用风车去提水!

目前,世界上大约有100多万台风力提水机,它们通过"辛勤"转动,帮助人们提水、铡草、加工饲料,想想真是好奇妙呀!

风能的"近忧"

"人无远虑,必有近忧。"虽然说风能既不需要燃烧燃料来发电,又不会向空气中排放污染物,用来用去也不会少,但还是有些需要解决的问题,比如:

▶空气密度小,只有水的1/1 000。因此为了获得更大的功率,就必须加大风轮的直径。但是建造更大直径的风轮,在技术水平上还难以达到。

▶风的方向变幻不定,它像个调皮的小精灵一样,东边来西边去,今天来明天去,有时甚至没有风,这样很难保证电力的持续输出。

不过,人们还是想出了一些办法,就是在有风时,将风能转换成其他能量形式保存起来,比如采用蓄电池储存,等到需要的时候再拿出来使用。

未来我们还剩下什么

我相信在不远的将来,风能一定会在人类的手中变得"乖乖的",为人类所用,为我们送来更多光明与能量。

你不知道的

世界上风力发电总量位居前三位的国家分别是德国、西班牙和美国,这三个国家的风力发电总量占全球风力发电总量的60%。告诉你一个小秘密,荷兰是世界上著名的"风车王国"呢!

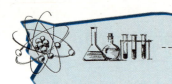

相关趣闻

台风知多少

台风是产生于热带洋面上的一种强烈热带气旋,因为发生的地点、时间不同,叫法也不同。在欧洲、北美一带称"飓风",在东亚、东南亚一带称为"台风"。台风经过时常伴随着大风和暴雨或特大暴雨等强对流天气,对人们的生活和生产造成极大破坏。

台风或飓风多发生在5月至10月,台风一般发源于西太平洋或南海海面,飓风一般发源于大西洋或东太平洋。台风主要影响中国南方沿海城市和日本、菲律宾、越南等国家,飓风一般影响北美沿海国家和澳大利亚。

趣味指数:★★★

沙尘暴

沙尘暴是沙暴和尘暴两者的总称,指强风把地面大量沙尘物质吹起并卷入空中,使空气特别混浊,水平能见度小于1 000米的严重风沙天气现象。

趣味指数:★★★★

未来我们还剩下什么

什么是季风

由于大陆和海洋一年之中增热和冷却程度不同,在大陆和海洋之间,大范围的风向随季节有规律改变的风,称为"季风"。夏季时,海洋的热容量大,加热缓慢,海面较冷,气压高;而大陆的热容量小,加热快,形成暖低压。夏季风由冷洋面吹向暖大陆;冬季时则正好相反,冬季风由冷大陆吹向暖洋面。

趣味指数:★★★★

风能驱动的挂灯

对于电灯我们并不陌生,但是你见过用风能驱动的灯吗?有人就制造出了一款风能驱动的LED挂灯。每当微风吹过,它就会通过摇摆晃动带动微型发电机工作,在黑暗中发出明亮的光。

趣味指数:★★★★★

感知地球的体温——地热能

地热能可用于地热供暖,还能用来种田、养鱼、发电,用途可大着呢,一起去了解一下吧!

地下热宝——地热能

你可能不会想到,我们的地球母亲其实是一个外表冰冷、内心火热的大火球。是的,在地球的内部储存着巨大的热量。这一点,我们从火山喷出的温度高达1 200至1 600摄氏度的熔岩就能看出来。

地球是个庞大的热库,蕴藏着巨大的热能,当这种热能渗透出地表,地热就呈现在我们面前了。

热从何处来

人是恒温动物,我们摸自己和妈妈的手,总是感觉暖暖的。我们的地球母亲也和我们一样,是有"体温"的。

那么,喜欢刨根问底的你,想不想知道地球母亲的体温——地热能是如何形成的呢?

未来我们还剩下什么

  我们在介绍核能的时候,曾经提到过放射性元素,打个比方,就像灯光射出光线一样,放射性元素也在不断地放出射线。与此同时,能量这个"小伙伴"也一起跑了出来,而放射性元素在这个过程中衰变为其他元素。听起来似乎很像孙悟空的七十二变……

  关于地热能能量的来源,科学家们还在争论不休。我只是为大家提供了一种大多数人都认可的说法,那就是地球内部通过传导释放到地表的热量中,80%来源于这些放射性元素的衰变。

看来,放射性元素能量非同凡响啊!

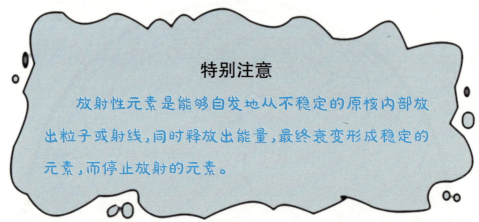

特别注意

放射性元素是能够自发地从不稳定的原核内部放出粒子或射线,同时释放出能量,最终衰变形成稳定的元素,而停止放射的元素。

地热能的类型

地热能是个新朋友,我们先来了解一下它的"相貌"。假设我们戴上了穿透力极强的"眼镜"观察地球内部,你可以看到,地热能主要有四种类型:

▶水热型地热能

即地球浅处(地下100至4 500米),温度为90至350摄氏度的地热水或地热蒸汽。

我们常常用来发电的地热能和用来沐浴的温泉,大都来自这种水热型地热能。

▶地压地热能

请将你的"眼镜"继续向地球的中心位置移动。在埋深3 000至6 000米处,出现了温度在150至180摄氏度,压力极高的地热流体。因为埋藏比较深,科学家们正在勘察研究,还未开始利用。

▶干热岩地热能

看名字你就知道,地热来自于岩石,而不是水、蒸汽或者地热

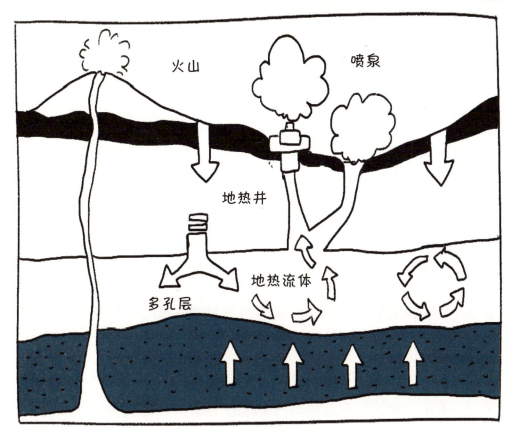

地热能的形成

流体。

它位于埋深2 000至6 000米,温度达到了200至650摄氏度。这种地热能利用起来比较困难。

▶岩浆地热能

它是存在于700至1 200摄氏度高温熔融岩体中的巨大热能,这个热能是热能家族中的"老大",不过由于技术方面的原因,想要利用这个"老大",难度就更大了。

中国地热资源分布

你一定想知道我们的地球母亲拥有多少地热能资源？你的脚底下有没有温泉？诸如这样的疑问是不是一下子就钻入了你的小脑袋？

据调查，地热能资源大约是地球上煤炭总储量的1.7亿倍，远远超过了地球上所有矿物燃料能量的总和。

在地球上的所有能源当中，地热能排行第二，只有太阳能是它的"老大哥"。

你也许又要问了，既然有这么多地热能源，我为什么没有见到？其实它和我们的煤炭、石油、天然气等能源一样，有的地方很多很多，有的地方一点都没有。

让我们一起来了解一下吧！据探测，中国是地热资源丰富的国家之一。中国地热资源总量约占全球的7.9%，可采储量相当于4 626.5

未来我们还剩下什么

卡克鲁亚笔记

中国有一个天然热水县,你知道是哪里吗?它就是四川省的稻城县。

这里的地下是一条北西向压扭性断裂带,温泉终年不断地从地下涌出,水温高达68.5摄氏度,人们的生产生活都依靠温泉。

亿吨标准煤。

▶高温地热资源,即温度高于150摄氏度,主要分布在喜马拉雅山地热带和台湾地热带。

云南的地热资源也十分丰富,全省有1 050处有文字记载的地热显示区。滇西的腾冲县,被人们称作"万年火山热海,千年古道边关"。

▶中低温的地热资源更是数不胜数,温泉几乎遍布全国各地。中国发现的水温在25摄氏度以上的"热水点"大概有4 000处。

中国温泉最多的地方是西藏、云南、广东和福建等地。

想一想,你的故乡有没有温泉?再看一看,你的脚下有没有地热能的存在呢?

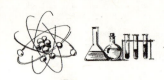

人类对于地热能的开发利用

前面说到了地热能的形成、类型和分布,我们现在要去看看人类的热能的开发、利用情况。一般来讲,人类对于地热能的利用分为直接应用和间接应用两种。

地热能的直接应用

位于陕西省西安市临潼区城南的华清池,就是中国古代十分著名的温泉。据说西周的末代帝王周幽王,就曾在华清池旁修建离宫。可见中国对于地热的利用已经有近 3 000 年的历史。

唐代大诗人白居易也在描写唐玄宗和杨贵妃爱情悲剧的《长恨歌》中写到"温泉水滑洗凝脂",其中所提温泉,便是华清池。

看来人们最早利用地热的方式就是洗澡,哈哈,真想朝着古人偷笑一番。

到了现代,随着科技的进步,对地热的直接利用方式就更多了,比如供暖、供热、供热水等。

如果你有幸去冰岛的首都雷克雅未克参观,你会发现这个城市根本就看不到高高的烟囱,更没有呛人的烟雾。这个城市所在的纬度非常高,冬天天气寒冷,可是室内却温暖如春,这是为什么呢?原来冰岛是世界上地热资源最丰富的国家,首都雷克雅未克全部利用地热,难怪这座城市里没有烟雾。

除此以外,那里的人们还用地热建造温室,用来育秧、种菜和养花。他们还用热水灌溉农田,使农作物早熟增产。用热水养鱼,加速鱼的育肥。

同时,我们也可以利用温泉治疗各种疾病,有人泡温泉治好了皮肤病、关节炎,有人泡温泉增强了身体素质,缓解了疲劳,温泉带给人们舒适和健康。如果有机会泡温泉,你一定不要错过哟!

地热能的间接应用

对于地热能的间接应用,那就非发电莫属了。

利用地热能发电,可以追溯到20世纪初。在1904年,意大利人就用地下蒸汽进行了世界首次发电试验,当时发出的电力只够点亮5个100瓦的灯泡。但就是这少得可怜的电力,开启了人类利用地热能发电的篇章。

经过几十年的发展,世界上已经有24个国家建立了地热电站。

中国西藏的羊八井就是中国开发的第一个湿蒸汽型高温热田,它是国内唯一具有一定生产规模的地热电厂。

地热发电的优点非常明显,一方面,它排放的污染物质非常少;另一方面,它非常"吃苦耐劳",与核电、火电、水电、风电相比,地热电厂发电设备累计平均利用小时数最高,同时它还很安全,所以人们也常常把地热能叫"白煤"。

未来我们还剩下什么

中国的煤炭资源十分丰富,地下煤层自燃,把地面的石头、泥土烤得十分烫手,从而形成了奇特的地热资源。

在新疆伊宁市西北就有一个神奇的火泉医院,它利用地热治疗疾病。一排排土房就像一个个火龙洞,进去的人不到5分钟便大汗淋漓,很神奇呢。

相关趣闻

温泉知多少

人们对温泉并不陌生。温泉只是地热的一种表现形式,它是雨水流入地下,被地热加温后,从泉眼中流出的一股温暖的泉水。由于地质情况不同,温泉水含有的矿物质也不同,所以有的温泉水有明显的医疗作用。温泉水在地下加热的程度不同,流出地面后后温度也不同。有的温泉水温度较高,甚至可以煮熟鸡蛋。

趣味指数:★★★★★

干热岩是什么

干热岩是一种存在于地下深处的炽热的岩石,由于这种热岩层里既没有水,也没有蒸汽,所以被叫作干热岩。地壳中蕴藏着巨大的热能,这些热能大多数都储存在干热岩里面。据计算,一块儿160立方公里的干热岩,温度从290摄氏度下降到200摄氏度,释放出来的热能相当于美国1970年全年消耗的能源。

趣味指数:★★★★

地球的内部什么样

现代科学告诉我们,地球大体上是个巨大的实心球体,半径大约6 370公里。我们可以把地球的内部比喻成一个半生不熟的鸡蛋,鸡蛋分成3层:最外层叫地壳,相当于鸡蛋的蛋壳,厚度为10至50公里;地壳下面的一层叫地幔,相当于蛋清,物质具有固态的特征,厚度约2 900公里;地球最里面,相当于蛋黄的部分叫地核,地核半径约为3 500公里,主要成分是铁、镍一类的金属。

趣味指数:★★★★

最大的地热发电站

1935年,美国开始建立地热发电站。经过几十年的努力,美国在地热发电领域取得了极大进展。美国的盖色尔斯地热电站是目前世界上最大的一座地热电站,装有10台机组,总容量达396 000千瓦。

趣味指数:★★★★

唾手可得的能源——生物质能

作为一个科学家,我在讲述能源知识的时候,常常会冒出来一些非常专业的名词,是不是让你们"丈二和尚摸不到头脑"呢?

现在我将要给大家讲解一种叫作生物质能的能源,听起来真是高深得很。不过,没有术语就没有科学,我们还是认真地听一听吧!

揭开生物质能的神秘面纱

要想了解生物质能,首先让我们了解一下什么是生物质。

生物质就是指通过光合作用而形成的各种有机体,包括植物、动物和微生物。如果范围再扩大一些,生物质包括所有的植物、微生物以及以植物、微生物为食的动物及其生产的废弃物。

绿色植物通过叶绿素的光合作用,把太阳能转化为化学能,而这些凝固、储存在生物质内部的能量,就是我们今天要说到的生物质能。

未来我们还剩下什么

家族诞生

远古人类使用的第一种能源——薪柴,就是生物质能的一种,它是人类最早使用的能源。森林中的树木、田间地头的秸秆,甚至是闻起来臭烘烘的牛粪,这些都是生物质能。

那么生物质能的产生过程又是如何呢?

想要形成生物质能,有一个概念我们一定要明白,那就是光合作用。

植物的根从土壤里吸收水分,在阳光的照射下,叶绿体把水分

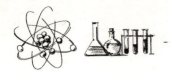

解为氢和氧；植物从空气中吸收二氧化碳，叶绿体将二氧化碳和氢合成为一种碳水化合物——葡萄糖。

于是通过光合作用，植物就以碳水化合物的形式把太阳能储存了起来。

换一种说法，生物质能是太阳能以化学形式储存在生物质中的能量形式，它是一种可再生资源，而且可以转化为固态、液态、气体燃料。

家族秘密

▶ 成员介绍

生物质能是个大家族，为什么这么说呢？因为除了来源于动植物残骸的矿物燃料外，有机物中其他所有来源于动植物的能源物质均属于生物质能。例如农作物和农业生产的有机残余物。如果你见过秋收的庄稼，那么你对玉米秸、高粱秸、稻草、麦秸一定都不陌生，它们就是生物质能。

树木和森林工业产生的废料。你可别嫌弃森林里残留的树枝、树叶、锯末等，它们具有很大

的利用价值呢!

动物的粪便,江河湖泊中的沉积物,农副产品加工产生的有机废料、废水,城市生活垃圾等,这些都是生物质能的资源,原来我们生活在一个生物质能的"包围圈"里。

▶"人"多力量大

这个大家族的成员真不少,有很多都是我们熟悉的"老朋友",而且它们的力量很强大哦!

有人算过一笔账,全世界每年靠光合作用生长出来的生物质多

达1 600亿吨,现在全球人口已经达到约70亿,平均每人都能得到22.86吨生物质。单说这1 600亿吨生物质所含有的能量,就等于全球能量总消费量的10倍,这个数字有没有让你张大嘴巴?

家族荣誉

▶生物质能的优点

了解了生物质能的家族成员后,你可别认为它们都是些边角料甚至垃圾,在我介绍生物质能的优点和在我们生活中产生的巨大作用后,你的态度一定会发生180度的大转变。

我们知道生物质能的载体以固态实物形式存在,如果在形态上与其他可再生能源,如太阳能、风能、水能相比,生物质能是唯一可以"搬了就走"——可直接存储运输的可再生能源。可以说,生物质能有一种"我是一块砖,哪里需要往哪搬"的自由,在可再生能源家族中,这可是一个巨大的优势啊!

生物质能相对来说还是一种清洁能源。这又是为什么呢?据计算,使用生物质能后的二氧化碳、二氧化硫和氮氧化合物排放量,远远低于煤炭、石油、天然气,同样提供能量,生物质能可以大声地说:"我很干净!"

从生物质能的家族成员可以看出,它们的身影遍布我们生活的方方面面,这就能够弥补能源的短缺和不足,对于矿物能源缺乏的地区,它可是不错的替代物呢!

▶人们如何利用它

假设你是个小小科学家,现在给你一堆秸秆,你会用它来做

未来我们还剩下什么

什么呢？

想必你的第一个想法就是把它点燃。其实对于生物质能最初的利用方式就是直接燃烧，比如薪柴的燃烧。但是这种方式无论是以能源的使用效率还是对环境的保护来讲，效果都是不好的。

况且燃烧好大一堆柴才能做好一顿饭，而砍来这些木柴需要费很多力气，算来算去不合适，所以科学家就提出改进生物质的燃烧技术，提高生物质的使用效率。

后来，真的有人想出了解决的办法，那就是生物质转化利用技术。把生物质转换成高热值的气体燃料、液体燃料和固体燃料，这样就解决了它体积大、占地大而且污染严重的问题。

人们把薪柴变成沼气，变成焦油、乙醇、甲醇等液体燃料，变成压缩了的固体燃料。这些燃料不仅高效清洁，而且还能作为汽车的动力来源呢。

科学家的探索脚步并没有停止，他们还积极开发"石油植物"，

卡克鲁亚笔记

1980年，美国率先进行人工种植"石油植物"，每公顷年收获"石油"120至140桶。随后，英国、法国、日本、巴西、菲律宾、俄罗斯等国也相继开展了"石油植物"的研究与应用，建立起"石油植物园""石油农场"等全新的"石油"生产基地。此外，他们还借助于转基因技术培育新品种，采用更先进的栽培技术来提高产量。

要培育出直接生产石油的生物,建设出一个"能源农场"。听起来不可思议?相信这一天马上就会到来。

汽车能"喝酒"吗

不可思议的发现

汽车要有汽油才能在路上奔跑,那么从什么时候起,汽车的"口粮"变成了酒?

科学家试着在汽油中掺入了20%的酒精,汽车的发动机居然还是能够正常地工作。于是许多国家就开始开发自己的特色农作物和林木,通过发酵来制造乙醇,给汽车做燃料。人们在研究生物燃料的路上,脚步再也停不下来了。

清洁环保的生物燃料

对于乙醇你一定不陌生,但是你是否听说过作为生物燃料的乙醇呢?

这个燃料乙醇来自玉米、甘蔗、小麦、甜菜等作物,然后经过发酵、蒸馏制得,脱水后再添加变性剂,就成为可用于发动机的燃料。

其实早在20世纪30年代,燃料乙醇就被人们开发作为车用燃料了。

随着能源需求的日益加大和石油供应的矛盾加剧,燃料乙醇以它的清洁环保、可再生,得到世界各国的广泛关注。巴西就专门种植了一种含糖量不高,但是产量非常大的甘蔗,专门用来生产乙醇。燃料乙醇产业也成了巴西的支柱产业。

你知道吗,燃料乙醇的原料多种多样,有淀粉质原料,如甘薯、木薯、玉米、马铃薯、大麦、大米、高粱,有甘蔗、甜菜等糖质原料,还有农作物秸秆、森林采伐和木材加工剩余物,可谓兼容并蓄。

垃圾堆爆炸案

负责人：卡克鲁亚博士

案发时间：公元2015年×月×日

案发地点：×市垃圾场

案件经过：在某市垃圾场发生了一起"垃圾堆爆炸事件"。根据调查，现已排除人为故意投放炸药而引发爆炸的可能。案件真相到底是什么，警方还需要做进一步调查。

案件分析：警方邀请神通广大的全能博士卡克鲁亚协助破案。

经过这几天的走访调查，博士发现垃圾堆爆炸的真正原因可能是一种神秘的气体。这种气体产生于缺氧的环境中，达到一定浓度就会爆炸。它没有颜色闻起来也没什么味道，像个神秘的"幽灵"，不过卡克鲁亚博士并不害怕它，因为这个"幽灵"早已经被人类降服了。

真相只有一个

垃圾堆爆炸案的"元凶"终于要与我们见面了。这个神秘的"幽灵",有一个非常普通的名字——沼气。

沼气,从名字就能猜出来,它是来源于沼泽的气体。人们经常在沼泽地、污水沟甚至粪池里看到它的身影,它吹起了一个又一个气泡,如果你扔根火柴过去,它就能燃烧起来,这就是自然界产生的沼气。

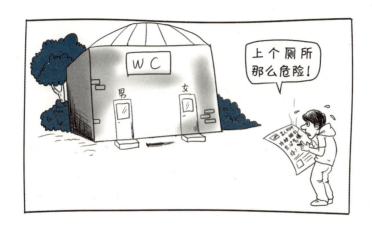

沼气的主要成分是甲烷,无色无味,可以燃烧。人们研究发现,含有纤维素的有机物质在隔绝空气的缺氧情况下被细菌分解,就会产生沼气。当空气中含有9.5%的甲烷时,爆炸力是最强的。

现在你是不是明白为什么垃圾堆里会产生沼气了?

因为垃圾长年累月地堆积,里面的剩菜残羹、枯枝败叶等有机物质被紧密地压在一起,空气越来越少,有机物开始分解成为沼气,于是一场神秘的爆炸案就发生了。

案件告破,卡克鲁亚博士又立了大功。

祸兮福之所倚

是不是你也觉得我总是想常人之不敢想,做常人之不敢做?通过调查"垃圾堆爆炸案",我认为"祸兮福之所倚"。确实如我所想,如果甲烷好好被利用,将是一种非常环保的理想气体燃料。

现如今中国农村的很多地方都在使用沼气能源。

农民在庭院里建造一座沼气池,把人和牲畜的粪便、农作物秸秆放进去,将沼气池密封,经过一段时间便产生了沼气,人们用沼气做饭、烧水、照明,真是方便极了。

如果我们的城市垃圾也可以生成沼气并加以利用,那么不仅可以解决垃圾处理难的问题,更能够缓解城市能源紧张问题,可谓一举两得。

现在不得不佩服我的眼光很长远吧?

你知道的

我们来算一笔账,如果把日本每天生产的生活垃圾全部用来发电,那么每天发出的电力,相当于250万千瓦发电站一天的发电量。

现在,英国有一半以上的垃圾被用来发电。在发达国家,垃圾处理和利用已经成为成熟的产业了。

相关趣闻

牛粪可以发电

养了牛,牛粪怎么处理?有人想到了一个好方法。人们首先用卡车将牛粪送到储料场,用平土机将牛粪压实,以减小体积,降低水分,然后加工成一定大小的料块,最后用传送带将料块送到特制的燃烧炉里去燃烧发电。牛粪可以用来发电,其他牲畜的粪便也有同样的用途。英国一家公司最近还计划建造欧洲第一家以鸡粪为燃料的发电站,每年燃烧近10万吨鸡粪、褥草和木屑,能发出1万千瓦的电力,供1万户家庭取暖和照明之用。

趣味指数:★★★★★

土豆发电

耶路撒冷大学的研究机构最近发明了一种利用常见的食品——土豆进行发电的技术。这种技术仅使用了煮熟的土豆片以及锌、铜电极,方法简单,操作方便。据研究称,熟土豆比生土豆产生的电能高出许多。这项成本低廉的土豆电池技术,应用前景十分广泛,一旦推广,可以为许多发达地区解决供电和照明问题,令人十分期待。

趣味指数:★★★★★

蕴藏在海洋中的能量——海洋能

"大海啊大海,就像妈妈一样",想必很多人都会唱这首歌,而我们也常常在电视中看到五彩斑斓的海底世界,那是一个神奇的世界,对于我们人类来说,陌生而且新奇。

但是,就是在这神秘的大海中,蕴藏着一股巨大的能量——海洋能。今天,我就要带着大家去了解一下,现在就出发吧!

了解海洋能——海洋能力量大

提到海洋,你首先想到的可能是海底世界五彩斑斓的珊瑚礁、形态各异的鱼儿,甚至是海底沉船里的宝藏。但是对于科学家们来讲,他们看到的,可能就是大海能够为人类做些什么,于是就有了下面这些概念,比如潮汐能、波浪能、海流及潮流能、海洋温差能和海洋盐度差能。

虽然它们听起来非常陌生,但是却与我们的生活息息相关。如果你想多了解一些能量家族的故事,那么这些"小伙伴"你一个都不要错过。

什么是海洋能？

如果你去过海边，你就会明白为什么人们会用波涛汹涌来形容大海，因为它无时无刻不在运动着。

即使是风平浪静的时候，海水也在缓缓地流动。在海水的运动过程中，海洋能就产生了。

海洋能依附于海水，是一种可再生资源。科学家们研究发现，海洋通过各种物理过程吸收、储存、散发能量，这些能量以潮汐、波浪、温度差、海流等形式存在于海洋中。

从远古时代，人类就已经投入海洋的怀抱，在海洋上航行，从海水里获取鱼类和水源以及丰富的矿藏。海洋还能将太阳能以及派生的风能等能源以热能、机械能的形式储存在海水里而不容易散失，这就成为我们今天所发现的宝贵的海洋能。

地中海，罗马人称之为"地球中央的海"；黑海，古希腊人称之为"胸怀宽广的海"；爱琴海，是以古代雅典国王伊格尤斯的名字命名的。

走进海洋能家族

煤炭和石油靠燃烧产生能量,海水靠运动产生能量,那么这个海洋能家族到底有哪些成员呢?我们来简单了解一下。

▶潮汐能。如果你曾经在海边游览,就会发现海水有时候会涨起来,有时候又落下去,每天大约涨落两次。海水的这种有规律的周期运动,就是大家熟知的海洋潮汐现象。

古人把海水白天的上涨叫作"潮",晚上的上涨叫作"汐",合起来总称为"潮汐"。潮汐运动蕴含的巨大能量就是潮汐能。

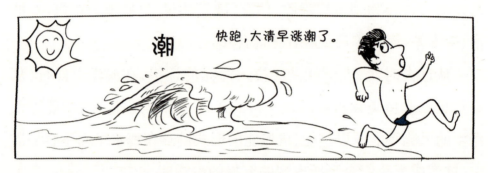

▶波浪能。大海波涛汹涌,时而惊涛拍岸,时而碧波盈盈。大浪来时,浪高数十米,黑黝黝的巨浪像小山一样压下。就算是身躯庞大的巨轮,在这风浪中也像秋风落叶一样颠簸飘零。这种来自海浪的能量就是波浪能。

▶海洋温差能 海水因为分布的地域不同,深度不同,其温度是有差异的。在地球赤道附近和低纬度地区,太阳直射的时间长,海水温度比较高。随着地理纬度的增高,太阳越来越斜射,海水温度也就越来越低。海水中蕴藏的这种由于温差而产生的能量叫作海洋温差能。

▶盐差能。常在海里游泳的人,会觉得身体比在游泳池里容易浮起来;偶尔喝进一口海水,会觉得又咸又苦。这是为什么呢?

原来海水中有大量溶解的盐类。海水的含盐量高,所以浮力就大。在海洋中,海水与淡水的盐度差越大,它们之间的渗透压也就

越大,于是就形成了盐差能。

▶海流能。海水在不停地流动,这种稳定的流动以及由于潮汐导致的有规律的海水流动所产生的能量,就是我们最常见的海流能。

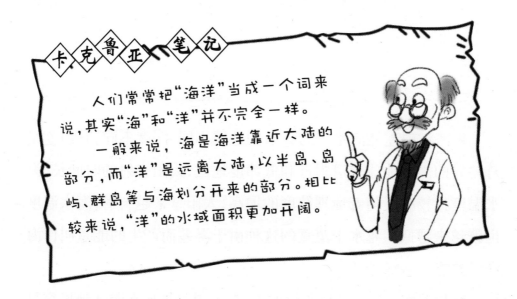

卡克鲁亚笔记

人们常常把"海洋"当成一个词来说,其实"海"和"洋"并不完全一样。

一般来说,海是海洋靠近大陆的部分,而"洋"是远离大陆,以半岛、岛屿、群岛等与海划分开来的部分。相比较来说,"洋"的水域面积更加开阔。

显而易见的海洋能优点

▶蕴藏量巨大。

我们知道,海洋占地球表面积的71%,这就意味着人类拥有大量的海洋能。

不过有一点我们必须注意,海洋能在单位体积、单位面积、单位长度上所拥有的能量比较小,也就是说,人类要想得到大能量,就要从大量的海水中获得。

▶它是一种可再生资源。

海洋能归根到底是来源于太阳辐射能和天体间的万有引力,只要太阳、月亮等天体与地球共存,海洋能就会再生而且源源不断。

▶它很清洁。

化石能源燃烧会排放出有害气体,污染环境,但是我们在利用海洋能的时候,丝毫不用有这样的担心,因为我们利用的是海洋本身的能量,它对环境的污染很小。

现在人们使用海洋能多数用来发电,因为海洋能既不用消耗燃料,又不会产生污染,甚至都不用盖厂房,也不受天气影响,是一种既干净又实惠的发电技术,人们甚至亲切地叫它"蓝煤"。

分布在哪里

地球上的海洋能有多少

科学家们做过一个粗略的计算,如果将各种海洋能加起来都用来发电,那么发电量可以达到770亿千瓦。

这个数量相当于4 200多座三峡水电站的总容量,海洋用它宽阔的胸膛为人类提供了源源不断的能量。

现在我们就把这些电量平均分布给各个"工作小组",那么就是潮汐能为30亿千瓦,波浪能为30亿千瓦,海流能为10亿千瓦,温差能为400亿千瓦,盐差能为300亿千瓦。

中国的海洋能分布状况

中国的大陆海岸线长18 000多千米,从这个角度来讲,中国是

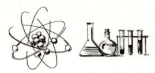

一个海洋能资源丰富的国家。

中国80%以上的潮汐能资源分布在福建、浙江两省,海洋温差能主要分布在中国的南海,海流能、盐差能主要分布在长江口以南海域。

从海洋能的分布我们能够看出,海洋能丰富的地方,常规能源都不是很富足,因此中国的这种海洋能分布状态恰好和这种需要相匹配,人们可以就地取材,利用海洋能进行生产生活,不必长途运输煤炭、天然气等常规能源。

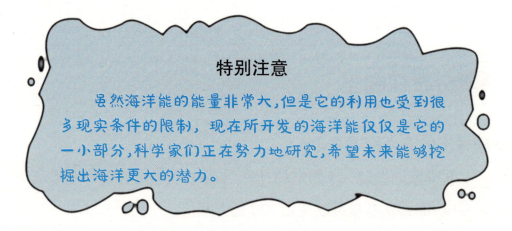

特别注意

虽然海洋能的能量非常大,但是它的利用也受到很多现实条件的限制,现在所开发的海洋能仅仅是它的一小部分,科学家们正在努力地研究,希望未来能够挖掘出海洋更大的潜力。

海洋能的作用很大

冉冉升起的新星——潮汐发电

▶潮汐发电的历史

早在1 000多年前,中国的劳动人民就利用了潮汐的动力,当时沿海一带的人民利用潮水来碾磨粮食和压榨甘蔗汁。

20世纪50年代,中国还建起了潮汐水轮泵站,利用潮汐带动水泵,取水灌田。

人们开始思考,如果把潮汐能做动力,是否可以用来发电?

1913年,德国在北海沿岸修建了第一座潮汐电站,拉开了潮汐发电的序幕。20世纪20年代,科学家们来到法国西北部的英吉利海峡朗斯河口,发现这里的潮汐适合发电,于是建立了世界最大的潮汐电站——朗斯潮汐电站。它的潮汐落差大,有13.5米;河口窄,只有750米宽,有利于修建拦海大坝。

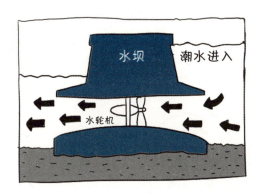 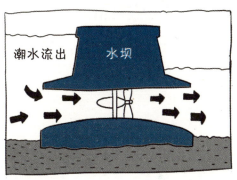

潮汐发电原理图

▶中国的潮汐发电站

中国也于1958年开始研制潮汐电站。从1979年开始,逐渐建成了山东乳山潮汐电站、山东金港潮汐电站、浙江小沙山潮汐电站、浙江象山潮汐电站等。

中国沿海潮汐资源丰富,据统计,如果全部用来发电,可得到1.1亿千瓦的电力,其中可供开发的达3 500千瓦。如果这些潮汐都能利用,将是一种可观的动力。

波浪能发电

大海像一个活力四射的"小伙子",它无时无刻不在不停地运动着。海浪的大小由风力决定,风越大,浪越高。大风起处,波涛汹涌。

1933年2月7日,美国油船"拉梅波"号曾记录到34米高的特大海浪,足可使10层大楼淹没。

这就是说,海浪确实是个了不起的"大力士"。在每一平方公里的海面上,运动着的海浪平均蕴藏20万千瓦的能量。

不过令人可惜的是,像这样一笔巨大、可再生,而且丝毫不会污染环境的能量资源,开发利用却不太好,这就需要科学家们的进一步努力。

你不知道的

当巨浪像一座"水山"扑向海岸的时候,可在20秒钟之内对一公里长的海岸线产生几万千瓦小时的电能,这些电能可供上万个家庭使用一年呢。

相关趣闻

潮汐能发电

月球用它巨大的引力吸引着地球的海水,使海水时涨时落。当月球引力和地球自转的离心力的合力背向地心时,就涨潮;面向地心时,就落潮。白天在海面涨落的叫"潮",晚上在海面涨落的叫"汐",合起来称作"潮汐"。

趣味指数:★★★★

钱塘江大潮

钱塘江大潮是世界三大涌潮之一,是天体引力和地球自转的离心作用,加上杭州湾喇叭口的特殊地形所造成的特大涌潮。钱塘江暴涨潮主要是由潮流沿着入海河流的河道溯流而上形成的。潮水涌入三角形海湾中,潮位堆高,潮差增大。当潮流涌来时,潮端陡立,水花四溅,像一道高速推进的直立水墙,形成"滔天浊浪排空来,翻江倒海山为摧"的壮观景象。

趣味指数:★★★★★

能源短缺大危机

通过前面的讲述,你们对能源家族是不是已经有了很深刻的了解呢?

目前,很多人已经体会到能源短缺的危机了,我也深有感触。究竟是怎样的危险处境呢?一起去看看吧!

会被用完的能源

我建立能源档案馆的目的,一方面是让人们了解能源,知道它们的来龙去脉以及用途,而另一个更重要的目的就是让大家明白,能源对于我们人类来说是非常宝贵的,失去了它们,我们的生活乃至人类的未来都会陷入困境。

我们面临的能源挑战有哪些?

你还记得哪些燃料是化石燃料吗?你的脑海里是不是一下子就冒出了煤炭和石油的身影?看来我的能源知识没有白普及。

化石燃料是大自然赐予人类的宝藏,但是人类只拥有一个地球家园,化石燃料的储量也是有限的。它们就像我们的生命一样,用一点就少一点,而且总有一天会被用完。

并不是每一个人都像你我一样了解能源,对能源的未来充满危机感。很多人由于意识不到问题的严重性,所以在使用能源的时候不加节制,浪费严重,这样做的结果便是加快了能源的消耗速度。我们可以毫不夸张地说,透支能源就是在透支人类的生命。

就以我们熟悉的煤炭资源为例。煤炭是世界上最丰富的化石能源,世界上煤炭的总储量是107 539亿吨,拥有煤炭的国家有70多个,储量较大的国家有美国、中国、俄罗斯、德国、英国、澳大利

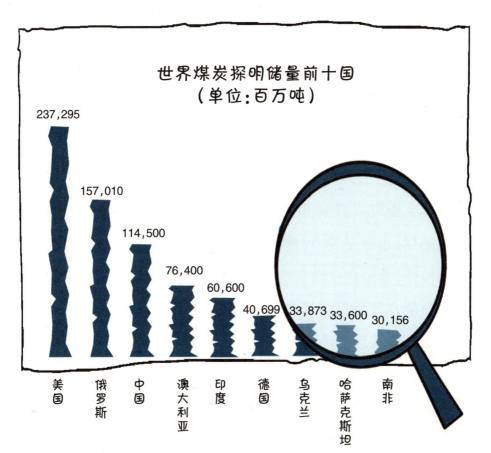

亚、加拿大、印度、波兰和南非。从这些数据可以看出，煤炭的数量和储存范围都是有限的。

所以，我们对能源的使用在做着减法运算，无论多少亿吨都是在一吨一吨地减少，无论多少国家拥有煤炭，都在一天一天地开采、燃烧。

科学家们用他们缜密的思维为我们计算出了下面的数字：

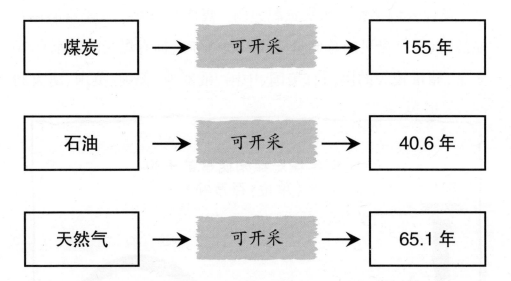

从数字中可以看出，再过 200 年，地球上可开采的化石能源也将消耗殆尽，也就是说，可能 200 年后的人类只能从教科书上看到煤炭的模样，他们再也没有机会见识真正的煤炭了。这个结果类似于我们只能在博物馆或者书中看到恐龙这种生物。听起来是不是非常可怕？但是这的确是我们要面对的现实。

更严峻的环境污染问题

我们知道，化石燃料的燃烧不仅能够提供热量，还会向空气中

排放污染物。

燃烧化石燃料给环境造成的危害是当今世界性的严重问题,其结果是使生态环境遭到破坏,人和动物受到危害。特别是直接燃烧煤炭所造成的环境危害,让人触目惊心。

化石燃料在燃烧过程中都会释放出二氧化硫、一氧化碳、烟尘等有害气体,而这些有害气体会直接危害人畜。

三苯四丙吡,大家可能对这个名字不熟悉,但是它真的是强致癌物,会对人体造成巨大的损伤。

放射性飘尘会使生物受到辐射。

二氧化硫和氮氧化合物会产生酸雨,使植物死亡,饮用水变质。

二氧化碳则被认为是地球气温升高的罪魁祸首。

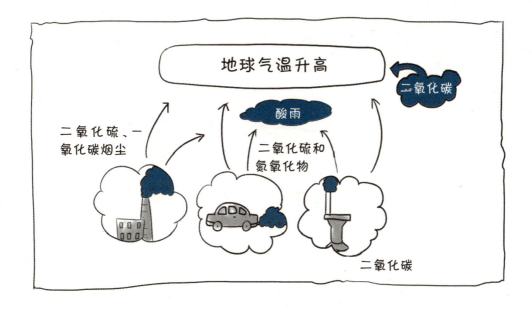

在煤、石油、天然气三种化石燃料的直接燃烧中,对环境污染以煤最严重,其次是石油,天然气相对来说比较干净。

很多发达国家在发展过程中,已经为大量燃烧煤而付出了沉重的代价。

在20世纪五六十年代,英国伦敦就有了"雾都"之称。在1952年的一次烟雾事件中,约有4 000人死亡。在美国的纽约、日本的东京也都发生过严重的大气污事件染。直到这些国家改变了能源结构,减少煤炭消耗,改烧气体燃料,才让他们头顶上的天空恢复了蓝色。

卡克鲁亚笔记

如果按人均能源可采储量来计算,中国是远低于世界平均水平的。一直以来,教科书上都形容中国"地大物博",但一旦除以人口总量,中国立刻成为一个资源短缺的国家。

能源短缺带来的影响

自然生态环境遭到破坏

在中国,由于能源短缺,许多地区的林木被过量采伐,地表植被遭到破坏,水土流失加剧,生态环境恶化。

以黄河流域为例,那里是水土流失最严重的地区,从龙门到河曲,每年有16亿吨以上的泥沙流入黄河,沙漠面积由原来的16亿亩增加到19亿亩。森林覆盖面积逐年缩小,自然生态环境遭到严重破坏。

农业、林业、牧业受到影响

农村生活能源供应短缺,绝大多数人只能依靠燃烧秸秆和柴草做饭,但是如果将秸秆燃烧,使用效率会非常低,被利用的只是生物质能中极小的一部分。

生物质能的不当使用造成了恶性循环。农业燃料、饲料、肥料缺乏,秸秆不能还田,都会使土壤的肥力下降,土壤变得贫瘠。

对工业生产的影响

能源供应不足,工业企业生产能力就得不到充分的发挥。有很多石油化工厂就因为石油和天然气的供应不足,造成了设备的闲置,有的地方因为电力不足,不得不让一些企业暂时停产。

看到能源短缺产生的恶劣后果,我很心痛……

是啊,地球只有一个,我们需要保护能源,捍卫地球。我希望更多的有志之士一起加入到这场保卫活动中,共同面对危机。

你不知道的

中国古代有个"买椟还珠"的典故,大家都非常熟悉,联想到我们对于能源的态度,似乎与这个故事十分相像。我们欣欣向荣蓬勃的经济发展,然而支撑经济发展的能源却捉襟见肘,如何取舍成为我们要思考的问题。

相关趣闻

冰川在消失

在高纬度地区和高海拔地区,温室效应更加明显,地球上冰川消失的速度惊人。对于直接流入大海的冰川来说,这意味着海平面上升沿海地区可能遭受到洪灾;对于高山上的冰川来说,这意味着山脚下河流径流量的不稳定,即在大量融雪时造成水灾,其余时间则造成旱灾。

趣味指数:★★★★★

鸟儿的悲鸣

全世界每年使用2.6亿吨塑料,你知道它们最终的归宿是哪里吗?是海洋。塑料对海洋生物构成威胁。事实上,太平洋北部已经形成了一片漂浮垃圾,这片垃圾带是世界上最大的飞行鸟类——信天翁的栖息地。信天翁经常把五颜六色的塑料误当作海洋生物喂给它们的幼鸟,这让很多幼鸟失去了生命。

趣味指数:★★

相关趣闻

木材资源的匮乏

中国是一个森林资源十分匮乏的国家,人均森林面积只有0.128公顷,仅相当于世界人均的21.3%;人均森林蓄积量为9.05立方米,仅相当于世界人均蓄积量的12.6%。

中国又是一个木材消费大国,目前国内每年木材需求量为3亿多立方米,而按历年的消耗数据看,国内最大限度也只能提供大约2.3亿立方米木材,木材供应缺口应当在0.7~1亿立方米之间,这一供应缺口就要靠进口木材来填补。

趣味指数:★★

节能,我们一起努力

开源节流,这四个字蕴含的辩证哲理放在解决能源的问题上,似乎是再合适不过了。

我们一方面在寻找着可以利用、可以替代的能源,另一方面也必须做到节约使用能源,这样才能在使用能源的道路上越走越远。

能源使用的多元化未来

你是否还记得我们曾一起了解过能源发展的历程。人类历史上的能源结构先后经历了以薪柴为主、以煤为主和以石油为主的时代,现在正向以天然气为主转变。同时,水能、核能、风能、太阳能也得到了广泛应用。

未来我们在发展常规能源的同时,新能源和可再生能源将同样受到重视,风电、水电将更多地出现在人们的生活当中。

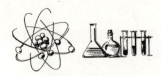

清洁化

对于环境,再也不能走发达国家那种先污染再治理的老路,所以未来的世界能源,一定会在人类的共同努力下变得越来越干净,越来越清洁。

不仅能源的生产过程要清洁,而且要生产出更多、更好的清洁能源,逐步提高清洁能源在能源总消费中的比例。洁净煤技术、沼气技术、生物柴油技术等将取得突破并得到广泛应用。

高效化

随着世界能源新技术的进步,未来世界能源利用效率将日趋提高,能源强度将逐步降低。

全球化

我们在了解能源分布的时候会发现,世界能源资源分布和需求分布是非常不平衡的,世界各国想要依赖本国资源来满足国内需求似乎越来越难,它们更多的是依赖世界其他国家或地区的能源供应。

市场化

市场化是实现国际能源资源优化配置和利用的最佳手段,所以随着世界经济的发展,世界各国政府直接干涉能源利用的行为将越来越少,而政府为能源市场服务的作用则相应增大,特别是在完善能源法律法规并提供良好的能源市场环境方面。

未来我们还剩下什么

卡克鲁亚笔记

1. 全国城镇民用炊事用煤利用效率很低,只有15%左右,若改烧煤气,其效率可提高到50%。
2. 加快使用煤气,可先从人口集中的大城市做起。
3. 让更多城市的居民加入到节能环保的队伍中来。

危机过后的警醒

1973年,能源危机第一次在全世界范围内爆发,这给人类带来了极大的震撼,人类第一次感受到如果没有能源,生活将是一种多么糟糕的状态。人们开始思考,如何才能减少能源消耗,节约使用能源。

人们通过研究发现,在现有的耗能设备和耗能方式中,有很大一部分能源是被白白浪费掉的。这个发现让很多人震惊,于是节能被提上了日程。节能和开发煤炭、石油、天然气、水力、电力、核能一起,成为解决能源危机的根本途径。人们给节能取了一个更加贴切的名字——第五能源,它比任何一种能源更加有效地"增加"了能源的使用量。

什么是节能

我们常常在生活中听到"节能"二字,老师告诉我们要节能,爸爸妈妈告诉我们要节能,甚至去买灯泡也会听到节能灯三个字,那么什么是节能?怎样才能做到节能呢?

下面我们一起去了解一下吧!其实,节能就是提高能源的使用效率。说得更准确一点,就是提高有效利用能量和能源总体内含的能量之比。

世界上的所有国家,就像一个又一个"班集体",如果谁在节能方面做得好,那么它就是一个非常优秀的"班集体",节能如今已经成为衡量一个国家能源利用好坏的综合性指标。

同时,如果一个国家在节能方面做得比较好,就说明这个国家的科学技术使用水平非常高,就像优秀班集体的学习成绩一样,这可是一个无法逾越的硬指标。

如果我们给节能定一个目标,那么这个目标就是要全面提高能源的利用率,同时减少余热的排放量,让能源"物尽其用"。

你不必问为什么要节能,我再一次用数据告诉你原因:

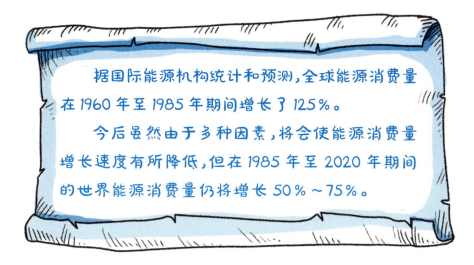

据国际能源机构统计和预测,全球能源消费量在1960年至1985年期间增长了125%。

今后虽然由于多种因素,将会使能源消费量增长速度有所降低,但在1985年至2020年期间的世界能源消费量仍将增长50%~75%。

从以上数据中可以看出,世界能源的生产速度远远比不上消耗的速度。你是不是也觉得我们面临的问题很严重?

节能靠大家

你是不是有这样的疑问,节约能源这样的事情,自己能不能做,能做什么?我现在就给你肯定的答案,而且还会告诉你一些行之有效的方法,别忘了,我可是这方面的专家哦!

目前,水电、核电提供给人类的能量大约分别占人类消费能量的5%。如果你的数学足够好,你想一想,在我们平常的生活中,节约5%的能源其实是非常简单的事。

打个比方,如果你家每天开灯的时间是300分钟,那么想要实现节约5%的电能,只需要把开灯时间减少15分钟,而这15分钟我们很容易做到。

通过这个简单的例子就是想告诉大家,节能不是一件难事,它存在于我们生活的每个角落,更确切地说,它应该存在于我们的内心。节能应该成为一种根深蒂固的意识,时刻指导着我们的行为。

我们在买家电的时候,总是能看到一个节能的标识,为什么呢?因为有人做过调查,如果全国家庭普遍采用节能光源,一年可节电700多亿千瓦时;国内现有1亿多台冰箱全部换成节能型,一年可节电400多亿千瓦时。两者相加,可省下一个多三峡电站的发电量。

现在让我们从各个生活细节上看看,怎么做才能节约能源。

家庭是社会的细胞,是社会的组成单元。如果我们每个家庭都从日常生活的细节加以注意,那么小改变也能发挥大作用。

煮饭前将米先浸泡一段时间,定期清除热水器电热管上的水垢,及时拔掉插头让电器不再待机耗电,改用节能灯具、电器等,虽然这些只是一些微不足道的细节,但是积少

成多,时间长了也能节省不少能源。

反观我们的生活,也常常看到一些浪费能源的现象,比如在日常工作中,下班关闭电脑主机后不关显示器、不关打印机电源的现象十分普遍。

有人做过简单的计算,如果全国所有的办公室下班后都如此,那么每年浪费的电量将在12亿度以上。想一想,为了得到这些宝贵的电能,我们消耗了多少宝贵的能源。

这小小的举手之劳,你也做,我也做,大家都来做,那么节能便不再是一句空话,就能看到实实在在的效果。因为我们国家是一个人口大国,每个人的点滴节省放大到"全国总量",就是一个天文数字。

在北京,很多市民是这样使用水的:洗衣服的水洗拖布,淋浴的水冲马桶,养鱼的水浇花,洗手洗脸用盆装水,淘米水留着洗碗,喝剩的茶水擦家具,在马桶的水箱里放两个装满水的瓶子以减少水箱容积,使用节水水龙头,自己清洗汽车等。我们早已知道,华北

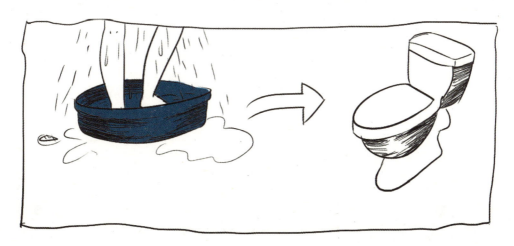

地区的水资源告急,而首都人口密集,在这样一个大都市中,对水的需求量非常大,想要未来都有水喝、有水用,就必须节约用水,这与我们的子孙后代密切相关。

节水的方法,我们都心里有数了,现在你是不是想知道更多节电的方法呢?那我就来教你两招儿!

电视机的音量不要开得过大,因为每增加一瓦的功率,就会增加三四瓦的耗电,而且过大的音量还会伤害你的听力细胞。另外,显示器的屏幕过亮,还会刺激视神经,让眼睛容易疲劳。

适当调节家里的冰箱,也可以达到节能的目的。有一点恐怕大家都有所误解,那就是冰箱的调节钮,并不是天气越热就要调到数字越大的位置,因为冰箱本身就具有对外界温度的自我调节功能,所以当天气炎热时,反而不需要调到最高。另外,还要尽量保持冰箱里不要挂太厚的霜,那样会产生很大的热阻,增加冰箱的耗电量。此外,冰箱里不要存放过多(满)的食物,防止冰箱中缺少冷气对流。而热的食物要等到变凉后才能放入冰箱,这样也在一定程度上减少了耗电量。

未来我们还剩下什么

> 我还要告诉你一个小妙招,如果你想要省电,那么用节能灯替代白炽灯吧!
>
> ▶一只5瓦的自镇流荧光灯相当于20瓦白炽灯的亮度,节能灯不仅仅是在亮度上堪比白炽灯,更重要的是它比白炽灯节电70%~80%;寿命长达8 000~10 000小时,是白炽灯的8~10倍。
>
> ▶节能灯解决了家用照明的问题,如果将全国家庭的照明灯换成节能灯,一年可节电700多亿千瓦时。

上面所提到的这些方法,只是节约能源的"冰山一角",节约无小事,相比苍白乏力的口号,我们更应该将节约能源内化为一种意识,转化为自觉的行动,为我们自己、为我们共同生活的地球家园的未来做出贡献。

人类对未来能源的发展有了更加警醒的认识,为了子孙后代的生存,为了保护我们唯一的地球家园,节约能源,保护环境,从现在开始,从我做起!我们收获的不仅仅是能源,更多的是对即将到来的未来的坚定和从容,这才是能源短缺带给我们的宝贵的教训。

　　我们的能源探索旅程结束了,但是科学探索的脚步永远不会停止。如果通过这段时间的学习,能让你和更多的人更深刻地了解能源,并积极参与到节能的行动中来,这将是我最大的收获!

相关趣闻

地球一小时

"地球一小时"是WWF(世界自然基金会)为应对全球气候变化所发起的一项全球性节能活动,号召个人、社区、企业和城市在每年三月的最后一个星期六晚上20:30~21:30,熄灯一小时,旨在通过这一活动,让全球民众共同携手关注气候变化,倡导低碳环保的生产生活方式。

趣味指数:★★★★★

废电池的巧妙利用

废电池中含有锌、锰、铜、银、汞、铁、铅等多种金属元素以及塑料、碳棒等材料,将其再生利用是大有可为的。有人曾用焙烧－电解法处理1吨废电池,所得再生产品的价值为679元,加工成本为404元,净利275元,可见废电池的资源再生,在经济上是可行的。

趣味指数:★★★★

相关趣闻

减重省油法

汽车如何省油？不少人能想出很多妙招，比如减重省油法，即车上不要放置无用的东西。不要小瞧那些零星物品，认为它们对行车影响不大。其实轿车对载重非常敏感，如果放置5千克无用物品随车行驶1 000千米，就会白白浪费400毫升燃料。

趣味指数：★★★★

垃圾分类

国内外各城市对生活垃圾的分类，大致都是根据垃圾的成分构成、产生量，结合本地垃圾的资源利用和处理方式来进行分类。比如德国，一般分为纸、玻璃、金属、塑料等；澳大利亚，一般分为可堆肥垃圾、可回收垃圾和不可回收垃圾；日本，一般分为可燃垃圾、不可燃垃圾等。

趣味指数：★★★